看中国

动物"野"有趣

总策划　韩　钢
主　编　谢建国　张劲硕

中国海关出版社有限公司
·北京·

中国科学院动物研究所
"国家动物博物馆科普著译书系"
编辑委员会

荣誉顾问：

张恩迪　郭传杰　程东红　单霁翔　杨焕明　康　乐
周忠和　魏辅文　王祖望　黄大卫　张知彬　钟　琪
苏　青　翟启慧　盛和林　汪　松　苗德岁　何芬奇

主任委员：

乔格侠　聂常虹

副主任委员：

王小明　詹祥江　赵　勇　张正旺　李栓科　王德华
王红梅　张劲硕

委员（以汉语拼音为序）：

白加德　彩万志　陈建伟　陈　军　陈水华　邓文洪
丁长青　杜卫国　郭　耕　何舜平　黄乘明　黄克力
贾陈喜　江建平　雷富民　李家堂　李建军　李天达
李新正　梁红斌　刘华杰　刘　宣　吕赫喆　吕　植
罗述金　马　鸣　孟庆金　欧阳辉　沈志军　孙宝珺
孙　忻　田　松　汪筱林　王宪辉　王雪纯　王永栋
王　原　魏永平　武春生　许木启　殷海生　尹传红
尹　峰　虞国跃　曾　岩　张彩欣　张辰亮　张成林
张春光　张金国　张　立　张润志　张巍巍　张雁云
张　勇　张志升　赵莉蔺　周红章　朱朝东　朱幼文
邹红菲　邹征廷

《看中国：动物"野"有趣》编委会

总　策　划：韩　钢
顾　　　问：武明录
主　　　编：谢建国　张劲硕
编委会成员：孙　忻　张劲硕　孙路阳　单少杰
　　　　　　谢建国　任宗仁　熊品贞　王传齐
　　　　　　叶　恒　范梦园　陈冬小
审　　　校：尹　峰

指　导：
中国野生动物保护协会

摄　影（以汉语拼音为序）：

白　明	蔡　琼	陈建伟	邓建新	丁彩霞	丁洪安	丁宽亮	董　磊
冯　江	顾晓军	关　鹏	郭　红	果洛·索南		何海燕	何启金
何晓安	胡　琳	纪绍琴	姜奇松	杰德·威恩嘉顿		雷　洪	李洪文
李　理	李维东	林根火	林勇坚	刘长权	刘晶敏	刘庆顺	刘晓勤
马晓光	蒙有蔚	闹布战斗		彭建生	齐险峰	邱小宁	冉亨军
任宗仁	神　鹰	史华平	斯塔凡·威斯特兰德			宋林继	孙华金
孙晋强	王　斌	王　放	王莅翔	王艳秋	王聿凡	王之人	魏　骏
武明录	肖　飞	谢建国	星　智	杨　丹	杨　涛	杨晓涛	雍严格
臧宏专	展　辉	张爱娟	张春晓	张芬耀	张晓红	张小明	赵　俊
赵纳勋	郑　彬	郑山河	周海燕	周佳俊	周孟棋	朱亦凡	左凌仁

供　图（以汉语拼音为序）：
甘肃省白水江国家级自然保护区管理局
猫　盟
陕西汉中朱鹮国家级自然保护区管理局
视觉中国
伊春野生动物保护协会

推荐序

　　打开《看中国：动物"野"有趣》，被书中一幅幅精美的动物图片深深吸引。作为一名古鸟类学家，书中众多漂亮的鸟类图片尤其让我着迷。

　　本书汇聚了近百名摄影者精心拍摄的 259 幅高清摄影作品，呈现了 60 余种野生动物美丽的瞬间，道尽了自然界的残酷与浪漫。不少图片堪称艺术佳作，这些图片过去或许只能在国外野生动物摄影师的作品中见到。过去 20 年，中国野生动物摄影得到了极大发展，国际自然摄影的舞台上也不断出现中国摄影师的身影。他们不仅把中国壮美的自然景观和独特的野生生物影像展现给世界，还推动着中国自然保护不断前进。

　　本书文字简洁明了，追本溯源，"知来处，明去处"。一个个小标题突出了重点，有画龙点睛之效，不仅诠释了中国野生动物的多样性，传递了相关的科普知识，字里行间还充满了对野生动物的热爱以及对它们面临的生存危机的急迫关切之情。

　　著名的生物学家爱德华·威尔逊（Edward O. Wilson）曾创造了"亲生命性"（biophilia）一词，并提出"人类有一种与生俱来的生物学需要，即融入大自然，并与其他生命形式相关联"。 在我看来，野生动物因为身处野外才是最美的。近年来兴起的科学教育中，自然教育尤其重要，这样的教育不仅传播了科学的知识，而且也有利于青少年的身心健康。

　　中国政府高度重视生态文明建设和生态环境保护，通过构建以国家公园为主体的自然保护地体系建设，已有效保护了 90% 的陆地生态系统类型和 71% 的国家重点保护野生动植物物种，野生动物种群数量得到恢复，栖息地质量得到改善。近年来日益增长的观鸟人群不仅反映了人们生活水平的提高，还体现了人们生活理念的改变，是社会文明进步的标志。

　　"万物各得其和以生，各得其养以成。" 愿本书在带领读者走进自然、领略生命之美的过程中，能够激发更多的人们关注自然、热爱野生动物。让我们共同描绘人与自然和谐共生的美景画卷。

中国科学院院士
中国科普作家协会理事长 周忠和

2023 年 6 月

弁言

以生灵之美看中国

以何种视角看中国？于内，关乎国人对祖国的热爱；于外，涉及国家形象，乃至国际问题。

我常讲，我们今天的青少年对他们生活的国度，以及对家乡的地理、气候、生物等不甚了解。孩子们不了解他们所生活的城市、社区、校园，乃至踩在脚下的一草一木、一虫一鱼、一鸟一兽。有时候他们会忽视周遭诸多美丽的生灵，没有留意在祖国大地上仍有无数珍稀或濒危物种。在我看来，热爱祖国应该先从热爱家乡的土地，热爱周围的生命与自然开始。

2020 年 3 月，云南西双版纳亚洲象的北迁南归之旅引发了国内外各界的广泛关注。国际舆论对我国采取的保护行动给予了高度评价。野生动物的生存境况、野生动物与当地百姓的关系，人们对动物的态度和相处之道能从一个侧面反映一个国家与社会的文明程度、形象，以及社会公众的科学和人文素养。

这就是我们编写出版本书时所考虑的角度——通过绚丽有趣的珍贵濒危野生动物来"看中国"！

仅有美好的创意还不够，更重要的是需要有呈现"美丽中国"的载体。在中国海关出版社有限公司执行董事韩钢先生的总策划下，执行编辑孙晓敏老师找到著名自然摄影师、自然影像策展人谢建国先生和我本人。我们一拍即合，决定出版一本反映我国野生动物特色、图文并茂的书。

本书得到了中国野生动物保护协会的鼎力支持，并邀请了总工程师尹峰先生出任审校。更令我感动的是，中国科学院院士、中国科普作家协会理事长周忠和先生倾情作序，圭璋特达、凤采鸾章，为本书添色增彩！而诸位先生也是"国家动物博物馆科普著译书系"之顾问或编委。在此，深表谢忱！

在众多领导和专家的支持帮助下，我们更加有强大的信心和动力去做好这本书。我和其他来自国家动物博物馆的孙忻、孙路阳、单少杰、王传齐、熊品贞等老师，共同遴选了60 余种具有代表性的中国本土野生动物。它们大部分为国家一、二级保护野生动物，或者是《世界自然保护联盟受威胁物种红色名录》收录之极危级（CR）、濒危级（EN）、易危级（VU）等物种。

谢建国先生所带领的影像团队，则花了大量时间，精挑细选了 259 幅典藏级摄影作品，而这些作品的作者均为国内外顶级的野生动物摄影师。他们在国内外自然或野生动物摄影比赛中斩获大奖，并将这些获奖作品毫无保留地呈现于本书，极大提升了这本书的内容质量和图片水平！

我记得小时候看动物科普读物，能够在书上或杂志上见到黑白照片就已经很不错了。20 世纪 80 年代，人们想要展示动物图片，需要把动物标本放在树上或者草丛里摆拍，因为那时候的相机等设备拍不到"会动的动物"；到了 90 年代中后期，读者才能够较多地看到真实的野生动物的彩色照片。彼时，常见的动物摄影作品出自北京动物园的李树忠先生、上海动物园的张词祖先生之手，您们的作品经常被刊登于《大自然》《野生动物》等杂志，所以我对这两位先生的名号印象深刻。不过，您们早年的作品大多是在动物园的笼舍内拍摄的。即便这样，1992 年我第一次看到父母给我订阅的《野生动物》杂志的封面——张词祖先生拍摄的一头大猩猩的彩色照片，都感动得热泪盈眶。

今非昔比！近年来，国内野生动物摄影、摄像水平与日俱增，我们完全可以通过这些精彩的动物行为照片（早已不是肖像图片了）、视频、纪录片来领略我国野生动物的风采，从而以国之美丽生灵之角度"看中国"！

我相信，这些精美绝伦的野生动物图片将触动我们的心灵，会给我们以热爱和呵护它们的热情、冲动与实际行动。英国著名哲学家席勒（Ferdinand C.S. Schiller, 1864—1937）说过："若将感性之人变为理性之人，唯一的路径便是先使他成为懂得审美之人。"我们的野生动物保护事业、科学教育事业就是需要通过展现自然与生灵之美，让更多的人参与到理性的保护行动中来。

生态文明建设不仅仅是国家或政府的工作，它与每个人的生活息息相关。只有野生动物之多样性丰富，拥有一定的健康种群，才意味着它们拥有完整而健康的、赖以生存的栖息地或生态系统。而这些生态系统正是支撑人类发展的基石，是我们每个人生存所要依赖的基本自然条件。

欣赏野生动物之美，投入大自然的怀抱，可以缓解压力，甚至抑郁。这一切可以在大自然得到释放，在野外生灵世界中得到痊愈！我们今天所从事的"以国家公园为主体的自然保护地体系建设""建设人与自然和谐的美丽中国"都是"功在当代、利在千秋"的伟业。

希望这部多方合力之作，可以让我们转换角度，以野外有趣的生灵来"看中国"！

中国科学院动物研究所
研究馆员

2023 年 8 月 3 日于国家动物博物馆

目 录

Contents | 目录

一 起 "趣" 纪 录

大 美 中 国

Fulica atra

白骨顶

这是一种看似平凡但不普通的物种。它体态娇小，却与高傲挺拔的鹤是近亲，它的名字仙风道骨，可发起怒来却彪悍非凡。这种鸟多栖息于各种水域当中，尤其喜欢在有芦苇和挺水植物的环境里游荡，因此在我国除干旱区域外都能看见它的身影。它就是——白骨顶（*Fulica atra*）。

白骨顶 / 摄影 谢建国

━ 头顶"白珍珠"的红眼水鸟

白骨顶属于鹤形目－秧鸡科－骨顶属的游禽，它们名字里的"白"指的是这种鸟额甲和喙的颜色。那明亮的白色似头顶镶嵌了一颗无瑕的珍珠一样，除了头顶的"白珍珠"，它们全身乌黑，鲜红的眼睛从黑羽中透射出光芒，从远处悠游而来，显得既圣洁又优雅。

━ 奇特的瓣蹼

白骨顶平日里喜欢躲藏在隐蔽的环境里，那些荷花和睡莲遍布的水生环境是它们理想的栖息地，因此想要看到白骨顶主动上岸可是件难事，大多时候它们都是在水面上悠然自得地徜徉。这是因为它们特殊的脚部结构导致它们在水里比在岸上更自在，所以人类少有机会能看到白骨顶"登陆"，也就很少有人见过它们的"脚"长什么样子。

白骨顶拥有一双样子奇特的脚，它们的神奇之处就在于脚趾间的瓣蹼。白骨顶的瓣蹼与普通瓣蹼的鸟类不同，它们的每个趾节都形成一个单独的瓣蹼。如果说小䴙䴘的瓣蹼像花瓣，那白骨顶的瓣蹼就像被压扁的糖葫芦一样，是一嘟噜一嘟噜的。这样的结构增大脚蹼面积的同时还能增加它们在水中划水的阻力，能够助力它们在水面踩水起飞施展"水上漂"。

白骨顶 / 摄影 谢建国

白骨顶 / 摄影 谢建国

一双"大脚"定胜负

春意萌发，万物复苏的繁殖季节，也是雄鸟之间敏感暴躁的时期，都说"情敌相见分外眼红"，可自带红眼睛的白骨顶在此刻也显得不太好惹。在这一特殊时期，两只雄性白骨顶一旦狭路相逢就会引发一场激烈的持久战，直到一方灰溜溜地逃走才算罢休。而白骨顶战斗的"武器"并非翅膀，也不是看似硬实的喙，而是那双造型独特的"大脚"。当两只气急败坏的"情敌"在水中掐架时，它们会先扑腾翅膀调整身体的最佳"战"位，最后以头部抬起露出腹部，用双脚抵住对方胸腹部的方式踹踩。整个掐架过程中随时用翅膀调整"战"位，打累了双方还会僵持不动一起歇会儿，但稍作休息后会继续激烈地"战斗"。有时还会有三只一起掐架的场面，好不热闹。

一 白月光与朱砂痣

白骨顶的雏鸟长得格外与众不同，它们有着红彤彤的头顶和鸟喙，从眼部以下到脖颈散落着黄色的毛发，这种红中带黄的蓬松模样和红毛丹简直相差无二，趣味非凡。

科学研究表明，白骨顶幼体形态之所以有着极其明艳的颜色，有一部分原因是为了激发亲鸟更好地去哺育和照顾后代。在大自然中通过鲜艳的色彩去获得父母更多青睐的动物其实很常见，例如，白头叶猴宝宝金黄色的外表，也是为了激发成年个体去照顾幼崽。

白骨顶 / 摄影 谢建国

白骨顶 / 摄影 谢建国

生存与保护❗

愿美丽的身影继续焕发勃勃生机

白骨顶分布非常广泛，目前虽不涉及濒危程度，但栖息地容易受到人为因素的干扰。2020 年 9 月，国家林业和草原局发布了《关于规范禁食野生动物分类管理范围的通知》，禁止包括白骨顶在内 45 种物种以食用为目的的养殖活动，除适量保留种源等特殊情形外，引导养殖户停止养殖。这么独特的鸟类应该拥有更好的生存环境，让更多人认识它们的美丽。

（文：孙路阳）

Leucogeranus
leucogeranus

白 鹤

——云中君，乘风鹤，一片闲心万里云。
皓月羽，朱红喙，声鸣九皋空悠扬。浅水滩，
涉水行，群飞一字排云霄。夏往北，冬复南，
万里归途往复来。

白鹤（*Leucogeranus leucogeranus*）属于鹤形目 – 鹤科 – 白鹤属的中等体形涉禽，体长有
125 ~ 140 厘米，比丹顶鹤略小，是国家一级保护野生动物，也是我国重要的迁徙候鸟。因
高度依赖浅水湿地，因此是对栖息地要求最为特化的一种鹤类。春夏季时，在俄罗斯西伯利
亚繁殖；冬季时，在江西鄱阳湖等长江中下游地区越冬，这里是白鹤最为重要的越冬地，而
鄱阳湖更是全球 98% 白鹤的主要越冬地。

白鹤 / 摄影 刘长权

■ 既古老，又濒危

　　白鹤被誉为鸟类中的"活化石"，这一物种在地球上有 6000 多万年的进化历史，可谓是一种古老的鹤科鸟类。白鹤与鹤类家族中的其他成员不同，它们既简洁又独树一帜，是鹤科鸟类中令人过目不忘的存在。在白鹤身上，人们看不见纷繁复杂的外貌特征。当它们立于浅水觅食时，一身洁白的羽衣凸显其遗世而独立的美，而朱红的头、喙和双脚，让白鹤更增添了一丝尊贵高雅。当它们翱翔于天空时，翅膀上黑色初级飞羽十分明显，这一身经典的黑白红配色被展露无遗，让路过的人都流连忘返，久久注视。谁能想到这么美丽的鸟类竟是《世界自然保护联盟受威胁物种红色名录》（*IUCN Red List of Threatened Species*）中的极危物种呢？白鹤在全球的种群数量不足 6000 只，是世界级的濒危物种。白鹤在历史上曾有 3 个种群，即东部种群、中部种群和西部种群。然而自 20 世纪 60 年代起由于人为因素的干扰和生态环境的破坏，其种群数量急剧下降，随后途经印度越冬的中部种群白鹤和在伊朗越冬的西部种群白鹤相继消亡。现仅有在俄罗斯和中国两地迁徙活动的东部种群了。

白鹤 / 摄影　张春晓

白鹤 / 摄影 周海燕

白鹤 / 摄影　刘长权

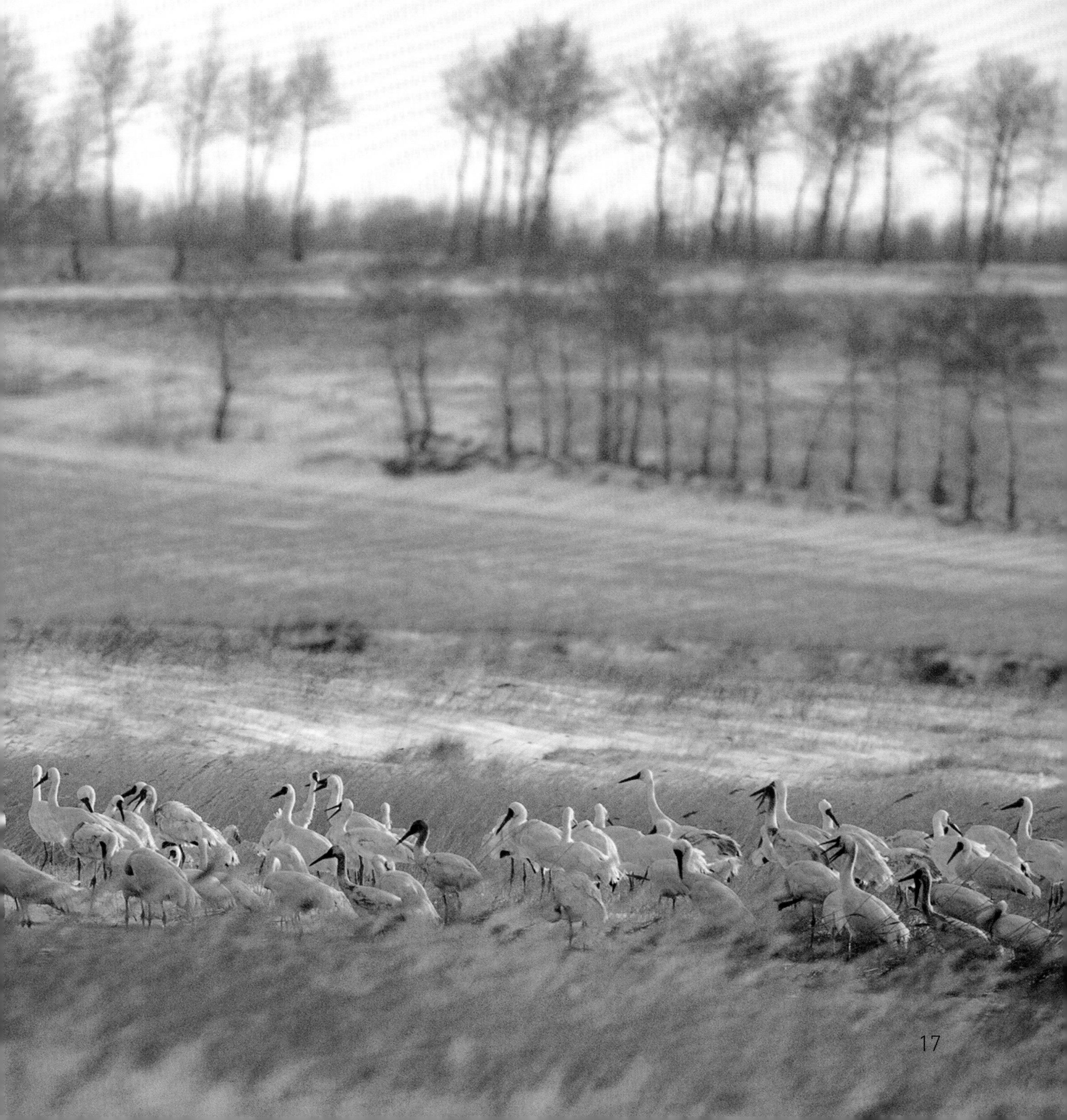

一 白鹤亮翅

人们熟知的"白鹤亮翅"，是太极拳法中以白鹤舒展翅膀的动作象形取意的招式之一。然而真正的"白鹤亮翅"却是白鹤普遍的日常行为。白鹤在很多情况下都会舒展翅膀，例如，从飞翔姿态紧急着陆时，白鹤会大幅度舒展翅膀以便及时降落。而当遇到危险时，它们也会张开翅膀勇敢迎敌。到了春天，白鹤随着气候转暖而向西伯利亚的繁殖地迁飞。在这一阶段，它们便会以"白鹤亮翅"之姿态翩翩起舞，迎接美好爱情的到来。此时的"白鹤亮翅"是它们求偶炫耀的必备舞技之一。

白鹤 / 摄影 周海燕

　　白鹤是单配制（也就是"一夫一妻制"）的鸟类，它们在我国南方湿地度过寒冷的冬季后便会返回西伯利亚成双配对，做好生儿育女的准备。

一 "黄鹤一去不复返"

　　白鹤夫妻通常一窝产两枚卵，但往往只有一只幼鸟能健康茁壮成长。由此可见，大自然的生存法则对珍稀濒危的白鹤也不留一点情面。白鹤宝宝大都在 6 月底到 7 月初破壳而出，初生的白鹤雏鸟全身竟是棕黄色的，和亲鸟完全长了两副不同的样子，而幼鸟的这副"黄里黄气"的模样要持续到第二年春季。因此每年冬季的 11 月都会有数千只白鹤与西伯利亚的冷空气竞速，飞越 5000 多千米回到鄱阳湖越冬，其中就有当年新生的周身还是棕黄色模样的亚成鸟。这也是著名唐诗《黄鹤楼》中"黄鹤一去不复返"所描述的。诗中的"黄鹤"很可能指的是当年新生的白鹤幼鸟，之所以"不复返"是因为第二年鹤群再飞回来时，去年的"小朋友"早已羽翼丰满且褪去了一身"土气"，成长为父母的模样了。其实鹤类家族的幼鸟在刚出生时大多为棕黄色，在我国与白鹤一同在鄱阳湖越冬的鹤类还有白枕鹤、白头鹤和灰鹤。

白鹤 / 摄影 纪绍琴

白鹤 / 摄影 谢建国

白鹤 / 摄影 张春晓

生存与
保护❶

共同守护美好家园

全球唯一的东部种群白鹤生活在俄罗斯、中国，偶尔去到蒙古国，然而它们的越冬地完全依赖于中国，白鹤的生存命运极大程度上也取决于在中国的栖息地环境。不管它们南来北往迁徙到哪里，都要有浅滩湿地伴其终生。因为湿地当中有丰富的白鹤喜欢的食物，例如，苦菜、荸荠、眼子菜和各类植物的块茎等，同时它们也吃少量的螺类、软体动物和昆虫。白鹤对环境要求很高，除了要有适宜的气候条件之外，还要有充足的食物来源，这就是它们非常依赖湿地的原因。

中国野生动物保护协会2020—2023年全国越冬鹤类种群数量调查表明，在鄱阳湖越冬的白鹤种群保持稳中有升的态势。北京林业大学2021—2022年在江西、湖南、湖北、安徽对白鹤种群进行的最新统计得知，截至2022年2月，白鹤种群数量为5616只，其中幼鸟的比例占到了14.27%。这一数据非常重要，因为鹤类幼鸟的比例超过10%就说明其种群发展趋势向好。在未来，希望有更多的人参与到保护珍稀鸟类的行列中来，但想要留住这些珍稀鸟类，首先是要身体力行地参与守护好这片人与动物共同的家园。

（文：孙路阳）

Ardea alba
Ardea intermedia
Egretta garzetta
Egretta eulophotes

白 鹭

鹭是鹈形目－鹭科动物的统称，白鹭则是鹭科动物中最常见的一个类群。常见的白鹭包括大白鹭（*Ardea alba*）、中白鹭（*Ardea intermedia*）、小白鹭（*Egretta garzetta*）和黄嘴白鹭（*Egretta eulophotes*）。

由于白鹭一身白羽、优雅娴静，因此自古以来就有关于它的诸多诗句流传于世，如杜甫的"两个黄鹂鸣翠柳，一行白鹭上青天"；王维的"漠漠水田飞白鹭，阴阴夏木啭黄鹂"；张志和的"西塞山前白鹭飞，桃花流水鳜鱼肥"等。可见白鹭在我国一直受到广大人民的喜爱，历代文人更是对白鹭青睐有加。

中白鹭 / 摄影 孙华金

中白鹭 / 摄影 谢建国

一 "三长"高贵白

"白鹭下秋水，孤飞如坠霜。"李白的诗句写出了白鹭一身的白羽，似雪如霜。在自然界，满身白羽的鸟类确实不多，而白鹭却是满身白羽，在水边涉水而居。它们具有长嘴、长颈和长腿的特征，是典型的涉禽。大白鹭、中白鹭和小白鹭是水边常见且不易区分的鸟类。虽然体形大小有差异，但是在野外单独看到某种白鹭时，基本上不能依靠体形来区分它们。

在非繁殖期，小白鹭的标志性特征是黄色脚趾和黑色的嘴，而大白鹭和中白鹭的脚趾为黑色，嘴为黄色。实际上，大白鹭的嘴全为黄色，中白鹭的嘴为黄色但尖端为黑色。但这一点也并非完全准确，因为有的中白鹭嘴几乎全黄，大白鹭也偶见嘴尖端深色的个体。

区分中白鹭与大白鹭，准确的依据是嘴裂基部位置，嘴裂基部过眼的为大白鹭，不过眼的为中白鹭。

还有一个特点可以帮助我们区分它们，大白鹭有好似折断状的颈部扭结，而中白鹭的颈部相对较圆润。

大白鹭 / 摄影 史华平

28

小白鹭 / 摄影 谢建国

━ 仙气飘飘"繁殖羽"

在繁殖期，大、中、小三种白鹭都换出了华丽的繁殖羽。小白鹭在腰部和胸部会长出丝状蓑羽，也称为"婚羽"，尤其是其脑后长出了两条很长的蓑羽，就像两条长辫子，这是非常明显的鉴别特征。中白鹭在胸前和腰背部长出丝状蓑羽，嘴部由黄色变为黑色，眼睛前部（被称为"眼先"的部位）变为了明黄色。大白鹭在繁殖期只在腰部长出丝状蓑羽，嘴部由黄色变为黑色，眼先则变为蓝绿色。

三种白鹭在繁殖季节都会长出华丽的丝状蓑羽，中白鹭和大白鹭的蓑羽长且多，好似披上了华丽的婚纱，只不过大白鹭的前胸没有蓑羽。因此，胸部是否有蓑羽也是区分中白鹭和大白鹭的特征。在雄性求偶时，三种白鹭都会展开自己身上的丝状蓑羽，并配以伸颈和摇摆的动作，其仙气飘飘的求偶姿态与孔雀开屏和丹顶鹤婚舞有异曲同工之妙。

大白鹭 / 摄影 马晓光

中白鹭 / 摄影 谢建国

▬ 黄嘴白鹭

黄嘴白鹭属于全球性濒危物种，国家一级保护野生动物。其野外种群数量少，主要栖息于沿海岛屿、海岸、海湾及其沿海附近的水域，主要食物为潮间带分布的各种小型鱼类、虾、蟹和水生昆虫等动物性食物。

黄嘴白鹭与小白鹭十分相似，都有黄色脚趾，在非繁殖期的嘴均为黑色，只不过黄嘴白鹭的下嘴基部为黄色。在繁殖期，小白鹭的嘴依然为黑色，黄嘴白鹭的嘴则变为黄色或橙黄色，而且腿部由黑色变为偏绿色。

繁殖期黄嘴白鹭在腰部、胸部和头部都会长出丝状蓑羽，其黄色的嘴和脑后浓密的丝状蓑羽与小白鹭黑色的嘴和脑后的两条长辫子形成了鲜明的对比。"何故水边双白鹭，无愁头上亦垂丝"，唐代诗人白居易这句诗所描写的白鹭头部垂丝，就是处于繁殖期的黄嘴白鹭头部的丝状蓑羽。

黄嘴白鹭／摄影 刘晓勤

黄嘴白鹭 / 摄影 顾晓军

生存与保护❗

洁白羽衣下的"血色交易"

　　几种白鹭都曾因为其美丽的蓑羽而招致杀身之祸。19世纪下半叶到20世纪初，在西方国家女性之间，一度盛行使用羽毛装饰。白鹭的蓑羽由于其洁白和飘逸不幸成为女性服饰的装饰，甚至成为了贵妇身份的象征。在繁殖季节，白鹭非常容易成为被杀戮的对象。

　　为了避免白鹭被残杀，扭转这一畸形消费盛行的局面，第一个现代野生动物保护组织奥杜邦学会（National Audubon Society）于1886年在美国成立。经过一系列的努力工作，白鹭羽毛装饰逐渐退出了女性服饰领域。大白鹭、中白鹭、小白鹭由于栖息地广泛，很快恢复了种群数量，成为现今容易观察到的涉禽。黄嘴白鹭仅分布在东亚和东南亚沿海地区，在沿海滩涂觅食。然而这些地区又是人类活动的密集区域，因此黄嘴白鹭受到了海滨旅游业开发、沿海滩涂养殖业发展、人类捡拾鸟卵、栖息地破坏等人类活动的影响，种群数量呈下降态势。

（文：孙忻）

黄嘴白鹭 / 摄影 臧宏专

Trachypithecus leucocephalus

白头叶猴

——全世界只有中国有，中国只有广西有，广西只有崇左有，崇左只有几个小山包儿上才有。

这种珍贵稀有的动物就是白头叶猴（*Trachypithecus leucocephalus*），它们属于灵长目 – 猴科 – 乌叶猴属，和大熊猫一样，都是黑白两种颜色。它们是国家一级保护野生动物，在《世界自然保护联盟受威胁物种红色名录》中，被评估为极危级（CR）物种。

白头叶猴 / 摄影 谢建国

— 1957 年被正式命名的第一种灵长类动物

1955 年，北京动物园园长谭邦杰率领一支科学考察队来到广西，他们的主要目的是为动物园收集各种珍禽异兽。有一天，谭邦杰发现一只泡在酒缸里的猴子，其头、尾尖为白色，与只有颊毛为白色的黑叶猴完全不同。于是，他马上询问当地老百姓，有谁在山上见过这种猴子。在野外向导的帮助下，他们终于找到了几只这样的猴子。在广西采集到的野生动物被陆陆续续运回了北京。谭邦杰开始比对标本，查阅文献，深入研究，终于在 1957 年正式将这种猴子命名为"白头叶猴"。这是中国人发现并命名的第一种灵长类动物。

一 黑白二色朴实无华，低调中蕴藏伟大的智慧

在岩溶发育地区，那些"石头山包儿"就是白头叶猴们的家。它们在陡峭的岩壁上攀爬、蹲坐，体色与周边浑然一体；之于天敌，难觅其踪。

白头叶猴／摄影 蒙有蔚

一 真正的"金丝"猴

　　每到春夏之际，猴群中便有新生命诞生；它们的颜色是金黄色的！简直可以说，这些小家伙才是真正的"金丝"猴！

　　"一双瞳人剪秋水"，圆溜溜、水汪汪的大眼睛，再配以两只扇风耳，显得幼崽们的头格外大。这样的稚态——头相对大、体相对小的比例，会让妈妈觉得孩子甚为可爱，激发起妈妈照顾后代的欲望，从而更有效地保护好幼体。

　　那么，如此耀眼的黄色会不会容易被天敌发现呢？一方面，很多种类的叶猴在不断演化过程中其幼崽都是黄色的，暗示着它们的亲缘关系很近，甚至它们的祖先可能也是黄色的，之后才衍变为不同的黑白色或者其他暗色；另一方面，黄色虽然明晃，但同样会引起同族群中的"大姨们""小姨们"的瞩目，当然还有一家之长——唯一的成年雄猴的关注。

　　对于十几只猴的族群而言，个体之间会互相照顾彼此的孩子。一旦黄色小家伙受到威胁，便可群起而攻之，这样能更有效地保护与它们共享基因的后代。有时，您看到的那只小黄猴，正和一只成年猴"窃窃私语"，它们的关系未必是母子或母女。

　　当小猴子长到一岁左右，它们的体色基本就会变成灰黄色，头部已经有明显的白色，身体开始变成黑色。但是妈妈仍然会经常抱着孩子，依依不舍。有时，它们也会来到地面上，甚至蹲坐在自然保护区的界碑上小憩，十分惬意。

　　通常，到了三岁，雄性个体成熟后，会被猴王赶走。它们先组成"光棍儿群"，再待上一两年，有实力者便要角逐其他猴群的猴王王位，或者"骚扰"其他族群的年轻貌美的"姑娘们"，另组新家。

白头叶猴 / 摄影 蒙有蔚

白头叶猴 / 摄影 蒙有蔚

生存与
保护

分布区狭窄，种群增长缓慢

白头叶猴分布区狭窄，仅分布于广西左江和明江之间狭窄的喀斯特石山环境中，面积不足 200 平方千米。喀斯特石山地貌无法保留水分对白头叶猴种群增长有一定的影响。

白头叶猴被科学界发现已有 66 年，如今该物种种群约为 1500 只，它们的种群受到大环境的限制，以及栖息地丧失等原因一直增长缓慢。白头叶猴所有种群分布于广西崇左白头叶猴国家级自然保护区和广西弄岗国家级自然保护区。

（文：张劲硕）

白头叶猴 / 摄影 蒙有蔚

Oxyura leucocephala

白头硬尾鸭

——碧波白湖芦苇茂，忧蓝倩影粼光上，一时浮潜了无踪，峰回路转又相逢。

白头硬尾鸭（*Oxyura leucocephala*）是雁形目－鸭科－硬尾鸭属的鸟类，也是国家一级保护野生动物。或许是因为有着让人过目不忘的奇特样貌，它一跃成为美国一个鸭子形象的设计灵感。但有谁知道，这个经典的卡通形象原型竟是一种世界级的濒危物种。20世纪初，白头硬尾鸭在全球的种群数量还在10万只左右。然而到了现在，国际鸟盟预估其数量已下降至7900～13100只，与此同时它已经是世界自然保护联盟（IUCN）认定的濒危级（EN）物种了，由此可见白头硬尾鸭的种群数量在全球范围内呈现出了断崖式的下降趋势。

白头硬尾鸭 / 摄影 史华平

▃ 神秘缥缈的天山来客

白头硬尾鸭在我国的主要栖息地在新疆天山一带，然而它们的"大本营"实则在非洲西北部、俄罗斯、西班牙、伊朗、土耳其和蒙古国等地区或国家。和大多数鸭子一样，白头硬尾鸭是一种典型的群居型鸭科鸟类，一经出现便是成群结队的团队模式。其中，生活在西班牙和北非的种群属于当地的留鸟，只有东亚和中亚的种群才有迁徙，而这一部分迁徙群体中的少数成员会于春季（4月初）不远万里来到我国新疆繁育后代。目前，迁徙至我国的白头硬尾鸭仅在新疆有繁殖记录，除此之外，它们在内蒙古鄂尔多斯和湖北的洪湖也有过为数不多的越冬记录。

▃ 蓝色的忧伤

白头硬尾鸭，鸟如其名，雄鸟头部呈白色，头顶呈黑色，全身呈深褐色至黑色，尾部羽毛短粗坚硬而挺拔，总在水中以近乎直角向上翘起的姿态游泳，这种近乎棱角分明的水上姿态在鸟类中很是少见。而它们吸引人的是阳光下鲜艳的、湖蓝色的大嘴。它们的嘴型极具辨识度，嘴基部呈现膨大的宽粗嘴型。或许正是因为足够显眼，才会让人对那亮眼的蓝色记忆犹新。然而，在湖面上如此明显的目标，却是屈指可数，也让人们更直观地感受到了它们珍稀濒危的境况。在静谧无人的水面上白头硬尾鸭可以肆意地悠游自在，然而它们极其怕人，稍有动静便会立即起飞。平日里它们善于潜水游泳，常栖息于内陆河流、湖泊、池塘、沼泽等地，尤为喜欢富含盐分的淡水湿地。它们栖息的水域中还要有丰富的食物，例如，水生昆虫的幼虫、水生无脊椎动物及水生植物的种子等。

白头硬尾鸭 / 摄影 史华平

白头硬尾鸭 / 摄影　李维东

一 守护，从白鸟湖开始，却不止于此

很久以来，人们一直以为中国没有白头硬尾鸭的分布，直到 1960 年在湖北洪湖首次记录到它们，后续发现种群数量最多的记录地是在新疆乌鲁木齐的白鸟湖，这里也是白头硬尾鸭在国内重要的栖息地和繁殖点。

说起白鸟湖，那是距离乌鲁木齐市西郊 14 千米处的一个由天山北坡泉水溢出、融雪渗流形成的天然湿地。这里两面临山、芦苇遍生，湖水面积仅有 1.1 平方千米。的确，白鸟湖面积不大，却不知有着何种"魔力"，能吸引上百种鸟类来此栖息，而白头硬尾鸭就是年年光顾这里的"鸟客"之一。对于白头硬尾鸭来说，这里曾经是它们在我国境内为数不多的理想繁殖地之一。

一 白头硬尾鸭的中国纪实录

2007 年，在新疆白鸟湖发现了世界濒危保护鸟类——白头硬尾鸭，数量多达 45 只，其中雄鸟 14 只，雌鸟和幼鸟共 31 只。

2012 年 7 月 31 日，新疆乌鲁木齐经济技术开发区（头屯河区）的"白鸟湖新区"成立，其核心区就是白头硬尾鸭常去光顾的"白鸟湖"。

2016 年 5 月 7 日，荒野新疆、百鸟汇（原荒野新疆·白鸟湖湿地保护项目组）、新疆青少年发展基金会联合发起了乌鲁木齐白鸟湖湿地生态保护项目。此后，每年的 5 月 7 日成为白头硬尾鸭的保护日。

2017 年年底，新疆乌鲁木齐经济技术开发区（头屯河区）政府宣布建设白鸟湖湿地公园。

2019 年，全国各地志愿者在白鸟湖湿地巡护队的带领下前来学习观摩白头硬尾鸭的知识。

2020 年 4 月，新疆观鸟爱好者在新疆阿勒泰地区的乌伦古湖内观测到了 114 只白头硬尾鸭，而往年来此栖息的白头硬尾鸭数量极少。

2021 年 2 月 1 日，在国家林业和草原局、农业农村部联合发布的《国家重点保护野生动物名录》中，白头硬尾鸭为国家一级保护野生动物。

生存与保护❗

新疆是白头硬尾鸭转危为安的关键地

目前，白头硬尾鸭在新疆有 10 余处栖息地，也曾零星出现于内蒙古西部的鄂尔多斯和湖北的洪湖。除了新疆的白鸟湖之外，新疆乌伦古湖内近年来也观测到上百只白头硬尾鸭栖息和繁殖，但该鸟类在中国乃至世界范围内仍面临着严峻的生存威胁。除水体污染、栖息地丧失之外，还面临着人为因素的干扰，例如，水域周围的开采作业、人为捕捞鱼虫、采摘苇叶和捡鸟蛋、毁巢等。

（文：孙路阳）

白头硬尾鸭 / 摄影 雷洪

Anser indicus

斑头雁

——危机重重幼雁成长不易，壮志昭昭双翅定征天阶。

对高山的征服一直是人类的追求，特别是对世界第一高峰——珠穆朗玛峰，每年都有无数的登山者花费数周甚至数月去攀登。但有一种鸟，只要约 8 个小时，就可以完成对珠穆朗玛峰的飞越，它就是斑头雁（*Anser indicus*）。

斑头雁得名是因为它们的头上有两道黑色的杠。在分类学上，斑头雁属雁形目－鸭科－雁属。相较于鸿雁（*Anser cygnoides*）、灰雁（*Anser anser*），它们体形略小，只有 75厘米左右，体重 2～3 千克。

斑头雁是亚洲特有种，是一种群居性鸟类，它们的繁殖地在中国的青海、西藏、内蒙古的沼泽及高原湖泊地带，越冬地在中国的云南、贵州、西藏南部地区，以及印度、缅甸、孟加拉国、不丹等国。斑头雁的故事，就开始于青海湖的鸟岛。

斑头雁 / 摄影 谢建国

一 爱与诚

青海湖是候鸟迁徙重要的一站——世界上 8 条候鸟主要迁徙路线中，有 3 条经过这里。这里有著名的鸟岛，是我国第一批被列入《国际重要湿地名录》的湿地之一，也是斑头雁的家。

每年 4 月，数千只斑头雁在鸟岛石头堆的空隙处共建爱巢，开始交配产卵。作为一个湖中岛，鸟岛上虽然没有棕熊这类大型动物，但小型猎手不少，如狗獾（*Meles leucurus*）、渔鸥（*Ichthyaetus ichthyaetus*）、棕头鸥（*Chroicocephalus brunnicephalus*）等。雁妈妈孵蛋的时候，猎手们就会不停地对其进行"骚扰"，然后趁机偷蛋，好在雁爸爸会在一旁守护爱巢。当"窃蛋贼"出现时，群居的其他斑头雁也会一起守护"蛋宝宝"。

斑头雁的伴侣如果离世，另一只也绝不"再婚"，而是选择成为整个雁群的卫士、助手。

斑头雁还有一个特殊的本领：一个巢里无论有多少枚蛋，只要有一个蛋孵化出来，其他蛋就会在 12 小时内相继破壳。但是，成功破壳只是雁生的第一步，它们还要面对天敌的重重挑战，特别是数量多、战斗力强的渔鸥和棕头鸥，有时也令斑头雁夫妇防不胜防。

雁妈妈张翅护住小雁们，雁爸爸左右开弓，奋力驱赶，怎奈寡不敌众，眼见一只只刚出生的小雁落入鸥口。雁爸爸看得着急，呼唤其他雄雁帮忙。终于，在"叔叔""伯伯"的护送下，雁妈妈领着小雁们冲出重围，来到岸边。湖面波涛拍岸，浪花四溅，刚下水的小雁们被波浪打回岸边，不敢前行。在雁妈妈的鼓励和保护下，小雁们重整旗鼓，再次下水，迎着风浪向湖对岸游去。

无惧风吹浪打，经历生死考验，九死一生的斑头雁宝宝终于游到了青海湖的主要水源地——布哈河的河口。这里河水平缓，食物充足，可以远离和躲避危险。斑头雁脱毛换羽，休养生息，养精蓄锐。到了秋季，它们将成群结队，飞越雪域山巅，到遥远的南方越冬，在这途中，更艰险的旅程在等着它们。

渔鸥与斑头雁 / 摄影　丁彩霞

渔鸥叼食斑头雁幼鸟 / 摄影　谢建国

━ 飞行员养成秘籍

对斑头雁而言，迁徙是一年中重要的事。而挡在它们中间的就是青藏高原，它们需要飞越珠穆朗玛峰。

为什么斑头雁迁徙，一定要飞越珠穆朗玛峰？科学家们尚未找到准确的答案。可能的解释是，斑头雁在很久以前就已经定居在青藏高原之上，随着青藏高原海拔升高，它们的飞行本领也日趋强大，最终才有了如今年年飞越珠穆朗玛峰的壮举。

斑头雁 / 摄影 谢建国

斑头雁能够完成壮举，得益于其强大的氧气运输能力和扇动翅膀的力量。斑头雁的血红蛋白分子中有一种特殊的氨基酸，可以帮助它们更好地运输氧气；其挥动翅膀的频率每分钟可达 225 次，单翅伸展的宽度可达 1.5 米，这为它们提供了强大的升力。此外，斑头雁的羽毛保暖性很好，不仅能抵御严寒，还能把在飞行中产生的能量留存在身体里。基于这些有利的身体条件，它们才能在几天内飞行 1600 千米，跨越珠穆朗玛峰。

生存与保护❗

归途有路

　　斑头雁的主要栖息地——青藏高原，素有"地球第三极"的称谓。这里的生态极为脆弱。随着荒漠化的加剧，斑头雁赖以为生的水源、草场面积都在逐年减少。成年斑头雁有时不得不带着幼崽长途跋涉寻找食物。此外，非法捕猎、环境污染等也是斑头雁面临的重大生存威胁。

　　如今，随着自然保护地的建立，以及社会加大对杜绝食用野味、捕杀野生动物的宣传力度，斑头雁的生存环境有了改善。斑头雁的"长途跋涉"得以归途有路。

（文：单少杰）

斑头雁／摄影　谢建国

Apus apus pekinensis

北京雨燕

——红墙青瓦斗拱间，天高海阔任鸟飞。秋去春来别无恙，"一带一路"向北京。

北京雨燕（*Apus apus pekinensis*）是夜鹰目－雨燕科－雨燕属的鸟类，也叫楼燕、普通雨燕，但它们的故事并不普通。它们因常见于夏季的京城古建筑中，因此得名"北京雨燕"，这是现今世界鸟类中唯一一个以北京这座城市命名的鸟类，这个名字本身就代表了它们拥有如史诗般波澜壮阔的一生。

北京雨燕 / 摄影 谢建国

▬ 一生不落地的"无脚鸟"？

"有人说这世界上有一种鸟是没有脚的，它只能一直地飞，飞累了就睡在风里，这种鸟一辈子只能落地一次，那一次就是死亡的时候。"

　　这是电影《阿飞正传》中的一句经典台词，除了映射人物角色的悲情之外，这话中的"无脚鸟"引发了很多人的探讨。是否真的有一种鸟一生都在天空中飞行，只要落地就是死亡呢？答案是有的，那就是雨燕。在生活中离我们最近的一种雨燕，又喜欢在高大的古建筑中繁育后代的就是北京雨燕。

　　北京雨燕并非没有脚，它们最显著的身体特征就是 4 只脚趾全部向前伸，属于前趾足。这与我们所熟知的 3 趾向前、1 趾向后的常态足不同，这使得北京雨燕无法抓握，也无法站立于电线和树枝上，更没有办法在平地上直立行走。通俗地讲，它们只能靠 4 只向前伸的脚趾"挂"在高处的粗糙表面或凸起物上，想要起飞也要从距离地面至少 4 米的高处一跃而下，这样它们就能借助下冲时产生的气流张翅起飞，然而一旦不慎落地而失去"高度差"，它们就很难再自行飞起，如果没有人为的救助基本就再也飞不起来了。因此，北京雨燕一生中除了筑巢、产卵、孵蛋以外，其余所有的生命活动都在空中进行。

北京雨燕 / 摄影 任宗仁

一 为什么偏偏中意古建筑?

　　北京雨燕对北京有一种特别的钟爱，不管暴风骤雨还是电闪雷鸣，不管遇到多少艰难险阻它们都会准时回到北京繁殖后代，这也是它们能成为北京象征物的原因之一。

　　北京是一座历史文化底蕴极其深厚的城市，这里有800多年的建都史，3000多年的建城史。曾几何时，北京还拥有过"燕京"的古称，在燕字文化长久的熏陶下，北京这座城市每年都期盼着在春天里和北京雨燕相遇。而北京对北京雨燕的这份"宠爱"由来已久。这不仅因为它们是北京的标志性物种，还有一个重要的原因——北京雨燕是唯一一种以北京命名的鸟类，更是北京常见的夏候鸟。平日里它们格外偏爱在高大的古建筑的斗拱结构、缝隙和洞穴中筑巢产卵。但为何放着那么多的高楼大厦不选，偏偏只选在古建筑内呢？事实上，自中华人民共和国成立以来我国的经济得到日新月异的发展，各处的高楼大厦拔地而起。可在此之前，北京城里的"高楼"就只有像故宫这样的皇城古建、园林古塔等了，而现如今这些古建筑都受到了国家的保护，也使得古建筑增加了"人少清静"的优点，这也促使了北京雨燕对城市古建筑的偏爱。当然了，随着城市化进程的加快，它们有时也会在现代建筑外墙等犄角旮旯儿的地方筑巢。

北京雨燕 / 摄影　李洪文

━ 捕虫能手空中飞

北京雨燕展翅飞翔的形态犹如镰刀般弯曲，黑褐色的短胖身躯与瘦小的家燕可以明显地区分开。但是，正是这黑胖短粗的小家伙每年要在 4 月份不远万里来到北京进行繁殖、筑巢。它们每日往返鸟巢近 200 次，为的就是将捕食到的小型昆虫喂给嗷嗷待哺的雏鸟。在蝉鸣的一整个夏天，1 只北京雨燕可以捕食 50 万只虫子，这超乎了人们的想象，可以说北京雨燕是当之无愧的捕虫能手。

北京雨燕是靠张着嘴在空中让虫子"自投罗网"的方式来捕食的，喝水也是张嘴紧贴水面掠过进行补水。而雨燕宝宝属于晚成雏，它们刚出生的时候体表没有羽毛，眼睛不能立即睁开，需要鸟爸爸和鸟妈妈照顾一段时间才能自行活动。这也是小家伙们最虚弱的时间段，等到被家长们喂食得身强体壮之后，它们也要开始准备飞回非洲越冬了。

━ "一带一路"上的中非友好大使

每当春季（同样也是昆虫铺天盖地繁殖飞舞的季节）来临，北京雨燕就会从遥远的非洲长途跋涉飞回北京繁殖后代。机缘巧合的是，北京雨燕的迁徙路线竟然和"一带一路"沿线国家（地区）路线高度重合，因此人们亲切地称呼北京雨燕为中非友好使者，它们的繁衍生息也成为中非之间的"纽带"。每年的 4 月到 8 月是它们在北京停留的时间，等到繁殖任务结束，幼鸟羽翼丰满之时，它们要赶在气温骤降之前启程飞往非洲越冬，同时这也是当年新生的雨燕宝宝首次开启它们"一带一路"的迁徙。由此说来，北京才是北京雨燕的家乡，这里才是它们真正的出生地，就这样从北京到非洲，一个出发，一个到达，循环往复，生生不息。

北京雨燕迁徙路线的单程距离可以超过 1.6 万千米，而纵观全年的迁徙距离约为 3.8万千米，其一生往返于中国和非洲的路程相当于从地球到月球的距离！

北京雨燕 / 摄影　任宗仁

**生存与
保护❶**

让"古神鸟"随遇而安

在 20 世纪前期，北京雨燕的数量曾多达 5 万只，但是随着城市化进程的加快，北京雨燕数量急剧下降。随着北京雨燕数量的减少，人们开始思考如何守护好它们。因为它们不仅是北京的象征物，更是祖祖辈辈出生在这里的"老北京"，它们的形象早已和京城古建密不可分。近几年，北京中轴线上天安门广场最南端的正阳门为保护北京雨燕作出了很好的示范，北京城内的北京雨燕种群数量可达7000～10000 只。希望北京雨燕在古建筑保护的规划下继续繁衍壮大，让北京这座城市继续留住它们美丽的身影。

（文：孙路阳）

Neophocaena asiaeorientalis

长江江豚

人们对江豚深刻的印象也许是它挂在嘴角上的微笑，是它长时间离开水面时眼角流下的泪水。虽然从拟人化的角度来看，江豚的笑与哭不过是人类情感的投射，但江豚的命运确实牵动着无数人的心弦。

江豚原有三个亚种，其中两个亚种生活在海洋中，而分布在我国长江流域的江豚则生活在淡水中。近年的研究将江豚的三个亚种全部提升为物种。

也就是说，生活在长江流域的江豚是一个独立物种——长江江豚（*Neophocaena asiaeorientalis*），它属于鲸偶蹄目－鼠海豚科－江豚属。

2014 年 10 月 14 日，农业部发布《农业部关于进一步加强长江江豚保护管理工作的通知》。该通知强调，"长江江豚按照国家一级重点保护野生动物的保护要求，实施最严格的保护和管理措施"。这从一个侧面表明政府部门对长江江豚保护的重视，同时也显露出其危急的生存现状。2021 年 2 月，新版《国家重点保护野生动物名录》公布，长江江豚被明确列为国家一级保护野生动物。

长江江豚 / 摄影·谢建国

■ 淡水中生存的海豚

在海豚大家庭中，仅有少数几种生存在淡水中，如白鱀豚、恒河豚和亚马孙河豚等。长江流域中，曾生存着白鱀豚和长江江豚两种豚类。2002 年 7 月 14 日，人类见过的最后一只白鱀豚"淇淇"在中国科学院水生生物研究所（简称"水生所"）白鱀豚馆因年老器官衰竭而亡。2007 年 8 月 8 日，《英国皇家学会学报》（*Proceedings of the Royal Society*）报告中正式公布与长江江豚共存于长江流域的白鱀豚功能性灭绝。自此，长江江豚成为我国生存在淡水中的唯一一种鲸豚类动物。

长江江豚 / 摄影 **武明录**

▬ 长江的微笑

长江江豚的头部钝圆，额部隆起稍向前凸起，就像一个"大头娃娃"。长江江豚嘴角的微笑是其广为人知的特点，但其实它们并不是在微笑，而是嘴角微微上翘的样子就像是一个冲你微笑、和蔼可亲的"胖子"，这个微笑也被称为"长江的微笑"。当长江江豚张开嘴时，隆起的额头、白色的牙齿、小小的眼睛、短短的吻部让它们像足了一个笑开了花的"灰胖子"，堪称"微笑天使"。

**生存与
保护❶**

一笑倾人城，再笑倾人国，宁不知"微微一笑"倾城国，"江豚"难再寻……

1984 年至 1991 年夏季的 470 天中，水生所对长江江豚的考察表明了长江江豚主要分布于长江中下游及鄱阳湖和洞庭湖中，那时候长江干流中的江豚尚余约 2700 头。2006 年，由农业部长江渔业资源管理委员会和水生所等机构联合组织的针对长江淡水豚（白鱀豚和长江江豚）的考察结果显示，江豚数量锐减，仅剩约 1800 头。2012 年，农业部、水生所和世界自然基金会（WWF）联合组织的"2012 年长江淡水豚考察"，发现江豚数量已下降至约 1040 头。2017 年，农业部组织的长江江豚生态科学考察结果表明，长江江豚种群数量为 1012 头。由此可见，长江江豚的保护工作刻不容缓。

关于长江江豚的保护，有关部门已经采取了就地保护和迁地保护"双管齐下"的方式。通过 2012 年和 2017 年水生所对鄱阳湖的调查发现，湖内长江江豚种群数量比较稳定，约 450 头，这个数量几乎占到了长江江豚总数的一半，因此鄱阳湖堪称长江江豚的避难所。1990 年春天，长江江豚被引入湖北石首的天鹅洲故道进行迁地保护，过去的 20 年中，长江江豚的总体数量在锐减，但是天鹅洲故道的江豚数量却在稳步上升。天鹅洲故道江豚迁地保护也成为全球对鲸类动物进行迁地保护的成功范例。

白鱀豚已经逝去，长江江豚处于长江水生生态系统生物链的顶端，凸显其长江淡水生态系统旗舰物种的重要地位，因此也被看作反映长江流域生物多样性和生态系统健康状况的指示性物种。在相当长的一段时间里，随着长江区域经济的高速发展，长江江豚的生存继续面临着更多的挑战。

（文：**孙忻**）

长江江豚 / 摄影 武明录

Ailuropoda melanoleuca

大熊猫

大熊猫（*Ailuropoda melanoleuca*）是食肉目－熊科－大熊猫属的物种，是我国国宝级明星物种，它们以其独特的外形和憨态可掬的形象受到了世界人民的喜爱。WWF 和中国野生动物保护协会（CWCA）都将大熊猫图案作为机构形象标识。

早在 800 万～ 900 万年前，在中国云南西北禄丰、元谋等地已生活着始熊猫，它是现代大熊猫的直系祖先。在中国古代，人们曾给它起过多个名字，记载在一些中国古籍中。时至今日，中国四川省大熊猫分布区的村民仍称它们为白熊、花熊或竹熊。不过，人类从科学的角度对大熊猫的认知是 1869 年，法国传教士阿尔芒·戴维（Fr Jean Pierre Armand David）在中国四川省雅安市宝兴县境内看到一种叫"白熊"的动物，他设法获得标本寄回法国。初命名为"黑白熊"，后命名为"大熊猫"。由此大熊猫被人们所熟知。

大熊猫是否已走到进化历史的尽头？针对这个问题，中国科学院动物研究所魏辅文院士团队于 2006 年在学术刊物《当代生物学》（*Current Biology*）发表的封面文章表明：大熊猫现生种群仍然保持着较高的遗传多样性和持续的进化潜力。

大熊猫 / 摄影 谢建国

大熊猫 / 摄影 赵纳勋

━ 吃竹子的食肉类动物

　　大熊猫属于食肉类动物，它们的生存年代非常久远，因此被称为"活化石"。大熊猫为了适应地质、气候等自然环境的剧烈变化，以竹子为主要食物。

　　可能就是这种改变才让大熊猫这个物种得以存活至今。当然，大熊猫也吃其他食物，如植物果实和自然死亡的动物尸体等，偶尔捕食竹鼠等小型动物。

— "伪拇指"

大熊猫充分适应了以竹子为食的生活，神奇地演化出了"伪拇指"。

这第六根"手指"，实际上是特化了的桡侧籽骨，具有大拇指的作用，方便处理竹笋或竹茎，抓握直径几厘米的箭竹也不费劲。

大熊猫食指与"伪拇指"之间的肉垫上有一个不长毛的凹槽，竹茎就被这个部位钳住。"伪拇指"在大熊猫的进食上起到了极为重要的作用，实现了对握的功能。

大熊猫 / 摄影 **任宗仁**

一 竹香味便便

大熊猫日食量达 17 ～ 24 千克，日排便量约 20 千克，所以大熊猫每天必须不停地取食才能满足自身的能量需要。大熊猫的消化系统较为特殊，是典型的食肉动物消化道结构却能有效地消化竹子。研究表明，大熊猫是借助肠道微生物来消化竹子中的纤维素和半纤维素。大熊猫通过维持异常低的能量代谢，采食高纤维、低营养和低能量的竹子得以生存繁衍。

大熊猫对竹子的消化极不完全，这使得大熊猫的粪便带着浓郁的竹香味，丝毫闻不出臭味。

大熊猫 / 摄影 孙晋强

大熊猫 / 摄影 孙晋强

▬ 棕色大熊猫

1985 年，第一只棕色大熊猫在陕西省佛坪县岳坝乡被救助，之后被饲养在西安动物园。当时在秦岭考察大熊猫的北京大学教授潘文石为其取名"丹丹"。随后，多只棕色大熊猫被目击和拍照。2009 年，陕西省珍稀野生动物抢救研究中心救助了一只在佛坪国家级自然保护区三官庙牌坊沟发现的大熊猫幼崽，这只幼崽就是大名鼎鼎的棕色大熊猫"七仔"，现在生活在秦岭大熊猫研究中心。"七仔"之所以叫这个名字，是因为它是第七只被科学记载的棕色大熊猫。棕色在大熊猫中是一种罕见的色型，目前仅出现在秦岭地区。

保护之路，任重而道远

2015 年 2 月 28 日，国家林业局召开新闻发布会，公布全国第四次大熊猫调查结果。调查结果显示，截至 2013 年年底，全国野生大熊猫种群数量达 1864 只，圈养大熊猫种群数量达 375 只。野生大熊猫栖息地面积为 2.58 万平方千米，潜在栖息地 0.91 万平方千米，分布在 6 个面积不大、相互之间很少有连接或者说基本已经隔离的块状分布区中。

为拯救大熊猫，我国政府投入了大量的人力、物力和财力，先后在大熊猫分布区建立了 67 个自然保护区，总面积达 3.36 万平方千米。2021 年 10 月，中国政府正式设立了总面积达 2.7 万平方千米的大熊猫国家公园，进一步增强了大熊猫栖息地的连通性和完整性。

2018 年，中国科学院动物研究所魏辅文院士领导的研究团队与澳大利亚国立大学、中国科学院成都生物所、澳大利亚詹姆斯·库克大学、四川省野生动物资源调查保护管理站、美国匹兹堡大学、美国圣地亚哥动物园、英国卡迪夫大学、四川王朗国家级自然保护区、荷兰特温特大学、成都大熊猫繁育研究基地、西华师范大学、北京师范大学、北京林业大学和四川省林业调查规划院等国内外多家单位的专家合作，对大熊猫及其栖息地的生态系统服务价值进行了评估。结果表明，大熊猫及其栖息地的生态系统服务价值每年达 26 亿至 69 亿美元，是大熊猫保护投入资金的 10 ～ 27 倍。这说明大熊猫及其栖息地的生态系统服务价值远高于保护投入，也充分说明对大熊猫保护的投入是非常值得的。

（文：孙忻）

大熊猫 / 摄影　丁彩霞

tigris Panthera altatica

东北虎

——《水浒传》里的吊睛白额大虫，《智取威虎山》里的凶猛野兽，食物链的顶端物种，猫科动物中的佼佼者，雄霸亚洲的丛林之王。

东北虎（*Panthera tigris altatica*）是食肉目－猫科－豹属下的虎亚种之一。老虎曾经有 9 个亚种，其中里海虎、巴厘虎和爪哇虎已经灭绝，现存的 6 个亚种分别为东北虎（也称"西伯利亚虎"）、华南虎、孟加拉虎、印支虎、苏门答腊虎、马来虎。东北虎体形最大，体长可达 2.8 米，体重可达 320 千克；分布于俄罗斯远东地区、朝鲜半岛北部和中国东北部；毛色呈浅黄色，条纹颜色较其他亚种浅，皮肤厚实。90% 以上的野生东北虎种群生活在俄罗斯远东地区。

东北虎 / 摄影 谢建国

东北虎 / 摄影 谢建国

▬ 大猫传奇

距今 880 万至 200 万年前，猫科家族的一个支系演化出了一个新的物种：虎。有关其起源说法不一，一种说法是起源于亚洲东北部的西伯利亚和我国东北地区，另一种则是起源于我国南部。历史上，虎的实际分布区域非常广阔，北至西伯利亚，南至印度尼西亚的众多岛屿，东至朝鲜半岛和俄罗斯远东地区，西至里海沿岸及中东等地区，受地理条件限制，是亚洲的特有物种。

▬ 健康生态系统的晴雨表

我们如何去评判生态环境是否健康？PM2.5 指数或城市绿化率是评估环境情况的一个方面，野生动物的种群健康也可以作为一种参考标准。空间（栖息地）、食物和水是动物生存的三个要素，野生动物想要在一片区域长期生存，需要生态环境中有清洁的水和充足的食物，所以若一个环境中存在野生动物种群，那么这里的生态环境可以被判定为健康。而老虎就是能代表生态环境健康的标志性物种，我们将这种物种称为"旗舰物种"。

东北虎 / 摄影 谢建国

▬ 独行巨兽： 一山不容二虎！

老虎是夜行性的独居动物。在野外，雌虎哺育幼崽到一定时候，长大的虎宝宝会自行离开，去寻找和开创自己的领地。

老虎是林栖食肉动物，它们的领地范围非常广。我国东北地区的东北虎，一只雌性老虎的领地范围约为 450 平方千米，而一只雄性老虎的领地会覆盖三四只雌性老虎的领地。所谓"一山不容二虎"，大概就是对老虎领地范围的真实写照。

450 平方千米是什么概念？北京市海淀区的面积约为 431 平方千米，朝阳区的面积约为 470.8 平方千米。

东北虎 / 摄影 谢建国

96

━ 中华虎文化源远流长

很早以前，老虎就成为中国的图腾之一，是小说、诗歌、戏剧、雕塑、绘画等艺术作品中永恒的主题，也是骁勇善战、勇敢无敌的代表形象，更是民俗文化中用以祈福的瑞兽。如今老虎的形象依旧是很多服饰图案的重要素材。例如，小孩子常穿的虎头鞋，这种用布料制成的传统虎头样式的娃娃鞋不仅好看，还赋予了大人对孩童的祈福和关爱。

━ 放虎归山，其路漫漫

由于野生东北虎需要有足够大的生存空间，如今栖息地丧失是全球老虎所面临的共同危机，人类对森林的砍伐直接减少了老虎的栖息地面积，再加上人们各种形式的开发使得大片森林和其他自然环境变得支离破碎，老虎原先完整的栖息地现在成了不连贯、不相通的小块区域，即"栖息地破碎化"，这也是全球老虎数量锐减的重要原因之一。除此之外，人工圈养的东北虎是否具备在野外生存的能力以及不可避免的人虎冲突等问题一直存在。由此可见，对于东北虎的野外放归，还有很长的路要去实践和探索。

看中国：动物"野"有趣

东北虎 / 摄影 谢建国

98

东北虎 / 摄影 神鹰

生存与保护 ❶

东北虎豹国家公园推进栖息地保护修复

全球包括东北虎在内的虎的生存境况令人担忧。20世纪初，约有10万只；20世纪80年代，约有2万只；2010年，创历史新低，仅约有3200只；2016年WWF发布的统计数据显示，全球野生虎数量约有3900只，其中大部分生活在印度。2022年，《世界自然保护联盟受威胁物种红色名录》显示，全球老虎的数量约在3726～5578只，较往年有所增加，但仍处于濒危境况。

为保护我国东北虎及其栖息地，2021年10月我国正式设立东北虎豹国家公园。2022年7月29日"全球老虎日"，国家林业和草原局公布的数据显示，我国老虎保护成效显著，目前我国野生东北虎数量增至60余只。虽然老虎在《世界自然保护联盟受威胁物种红色名录》中仍然处于濒危状态，但种群趋势表明，老虎保护已取得阶段性成功。

（文：孙路阳）

Ciconia boyciana

东方白鹳 / 摄影 宋林继

东方白鹳 / 摄影 宋林继

**生存与
保护❶**

相约在湿地

东方白鹳是世界珍稀鸟类，是国家一级保护野生动物，对于东方白鹳的保护更多的还是关注人类活动对其的干扰。随着自然资源被不断地开发和利用，东方白鹳赖以栖息繁衍的湿地逐渐减少，而它们的种群健康与否实则也是湿地生物多样性的晴雨表，想要保护好以东方白鹳为代表的众多珍稀鸟类的前提条件就是要保护好我国的湿地。

近几年，在习近平生态文明思想的指引下，我国大力推进生态文明建设，加强湿地保护修复，构建保护体系。这一切都为了改善湿地的生态状况，使湿地生物多样性日益丰富。截至2023年2月，我国湿地总面积5360.25万公顷，位居亚洲第一位，世界第四位。国际重要湿地总数达82处。

（文：**孙路阳**）

Nomascus nasutus

东黑冠长臂猿

　　冠长臂猿属物种的突出特征是雄性头顶有短而直立的冠状簇毛，包括西黑冠长臂猿、东黑冠长臂猿、海南长臂猿、北白颊长臂猿、南白颊长臂猿、北黄颊长臂猿和南黄颊长臂猿。

　　东黑冠长臂猿（*Nomascus nasutus*）属于灵长目－长臂猿科－冠长臂猿属动物，历史上，曾分布于红河以东的中国南部和越南北部，自 20 世纪 50 年代起一度被认为已经在中国灭绝，20 世纪 60 年代后越南也没有该物种分布的确切消息。幸运的是，调查人员分别于 2002 年和 2006 年在越南高平省重庆县和中国广西壮族自治区靖西市的喀斯特森林中重新发现了该物种。

　　2016 年中越两国政府、科学家联合开展了同步调查，共记录到 22 群 136 只东黑冠长臂猿。其中，5 群 33 只生活在我国广西邦亮长臂猿国家级自然保护区内。虽然其种群数量呈现出缓慢增长的模式，但东黑冠长臂猿依然是仅次于海南长臂猿的世界第二濒危的类人猿物种。

东黑冠长臂猿 / 摄影　林勇坚

东黑冠长臂猿 / 摄影 林勇坚

一 森林歌唱家

鸣叫是长臂猿的典型行为，东黑冠长臂猿有清晨鸣叫的习性，鸣声高亢嘹亮，在几千米以外都可以听到。东黑冠长臂猿叫声的频率较高，最高频率已经达到甚至超过了 5 kHz。其鸣叫一般由雄性开始，之后雌性加入。雌性发出固定刻板而且频率非常高的叫声，被称为"激动鸣叫"。由于东黑冠长臂猿的家庭结构是稳定的"一夫二妻制"，因此两位"夫人"与"男主人"会配合组成结构复杂的二重唱。通常，二重唱由成年雄性发起和结束，并占主导地位。

与其他种类的长臂猿一样，东黑冠长臂猿鸣声的主要功能就是维持配对关系，并向同种的其他个体传播有关配对稳定性的信息。研究发现，新组建的家庭必须在尽量短的时间内发出配合默契的二重唱。因为不完美的二重唱可能反映了配对的不稳定，进而可能引起"第三者"的插足。

■ 毛色变换

东黑冠长臂猿的小宝宝全身毛发呈黑色，雄性个体从出生到成年一直都身披黑毛，而雌性个体在接近成年时转变为黄棕色。

这种毛色转变情况明显不同于西黑冠长臂猿。西黑冠长臂猿的雌性小宝宝要经历两次毛色变化，成年雌性则经历三次毛色变化。因此，雄性东黑冠长臂猿不会经历毛色变化、雌性东黑冠长臂猿只经历一次毛色变化的特点也是东黑冠长臂猿与西黑冠长臂猿的重要区别之一。

■ 终生不下地

东黑冠长臂猿是典型的树栖型动物，一生几乎不下地。

东黑冠长臂猿的上肢明显长于下肢，且肩关节和腕关节均为极其灵活的球窝关节，这种关节结构可以让长臂猿以独特的大幅荡行方式极快地游走于林冠上层，如风似电。东黑冠长臂猿在树木间穿行、觅食和过夜，其长而有力的上肢在树上的活动显得格外轻松。

然而，当东黑冠长臂猿下地时，上肢就毫无用武之地，只能高高举起，下肢蹒跚行走，它们非常不适应。这种东黑冠长臂猿下地的场面多见于动物园，在野外生存的长臂猿几乎终生不下地。

东黑冠长臂猿 / 摄影 张晓红

东黑冠长臂猿 / 摄影 张晓红

生存与
保护❶

"两岸猿声"今犹在……

2006年5月，广西大学周放教授在我国广西壮族自治区靖西市邦亮林区录到了东黑冠长臂猿的叫声。2006年9月，香港嘉道理农场和广西壮族自治区靖西市林业局组织的调查队在我国广西壮族自治区靖西市与越南重庆县交界的森林中发现了3个东黑冠长臂猿群体。

2007年9月，中越两国开展联合调查，共发现18群约110只东黑冠长臂猿。分布于中国的东黑冠长臂猿有4群约23只，均跨中越边境生活。

2015年1月，科研人员发现东黑冠长臂猿在中国境内形成了由1只成年雄性、2只成年雌性和1只婴猿组成的新群体（GL群）。这是自2006年该物种在中国被重新发现后，首次在中国境内发现形成的新群体，也是唯一一群完全生活于我国的东黑冠长臂猿家庭。

截至2023年5月，在我国生存的东黑冠长臂猿共有5群36只。

（文：孙忻）

Panolia eldii siamensis

海南坡鹿

呦呦鹿鸣，食野之苹。这句出自《诗经》的诗句勾勒出了一幅美丽的自然画卷。但就是这个景象，险些在海南岛永远消失。

海南坡鹿（*Panolia eldii siamensis*）是泽鹿（*Panolia eldii*）的一个亚种，泽鹿是属于鲸偶蹄目 – 鹿科 – 泽鹿属的物种，海南坡鹿是海南岛现存的唯一鹿科动物。海南坡鹿喜欢生活在开阔的平原、丘陵和灌丛林地带，因此与生活在森林中的鹿类相比，海南坡鹿的警觉性更高、奔跑速度更快、跳跃能力更强， 因为只有这样才能在开阔地带逃脱捕食者的追击。

海南坡鹿 / 摄影 张芬耀

━ 鱼篓形状的角

　　雄性鹿科动物都是有角的，并且鹿角会分杈，这一点与牛科动物有很大的不同。雄鹿鹿角的第一个分杈叫作眉杈，是用于保护眼睛。与其他鹿相比，雄性海南坡鹿长有两个明显长、大而弯曲的眉杈，因此海南坡鹿有另外一个名字——眉杈鹿。海南坡鹿较大的眉杈与两个弯曲度更大的主枝形成了类似鱼篓形状的角形，且鹿角其他分杈位置较高，长到主枝的上端。这种角形在鹿科动物中是独树一帜的，其简洁、流畅、圆润的外形格外抢眼。

海南坡鹿 / 摄影 顾晓军

一 雌雄异色

不同性别的成年海南坡鹿的毛色是有区别的。成年雌鹿的毛色以黄褐色为主，身体两侧有少数灰白色斑点，成年雄鹿的毛色为黑褐色。因此，从毛色上区分海南坡鹿的性别比较容易。

海南坡鹿 / 摄影　顾晓军

一 独立演化的海南坡鹿

2009 年，来自中国科学院动物研究所的研究发现，海南坡鹿与分布在亚洲大陆的坡鹿在 69 万年之前就开始独立演化了，建议将海南坡鹿作为独立的演化单元进行管理。

海南坡鹿 / 摄影　顾晓军

生存与
保护❶

曾陷支离破碎之境，现乘风破浪而归

　　海南坡鹿在海南岛的种群数量曾经历了断崖式下降。1976年，
当地政府在建立东方大田和白沙邦溪自然保护区时，两个保护区的
坡鹿数量仅为26头和18头。然而，海南坡鹿的坎坷命运并没有结束。
1981年，生存在白沙邦溪自然保护区的最后一头海南坡鹿被偷猎。

海南坡鹿 / 摄影 顾晓军

　　为了保护海南坡鹿最后的栖息地，3 米高的铁网围栏圈住了东方大田保护区，让这里的海南坡鹿得以繁衍生息。至 1986 年，东方大田保护区升级为国家级保护区时，这里的海南坡鹿数量上升到 86 头。白沙邦溪自然保护区自 1981 年起经历了 9 年无鹿保护的尴尬局面之后，于 1990 年从东方大田国家级保护区引入了 18 头海南坡鹿，自此海南坡鹿在白沙邦溪自然保护区才站稳了脚跟。经过 50 年的保护，海南坡鹿的种群数量上升到 1000 多头，成为我国野生动物保护的又一成功典范。

（文：孙忻）

Nyctereutes procyonoides

貉

——一丘之貉，未属实；
一"秋"之貉，变"貉"肥。
深色蓬松，黑眼罩；暗中观察，
适应强。"貉"来此地，本未走；
"貉"去"貉"从，引人思。

貉（*Nyctereutes procyonoides*）属于食肉目－犬科－貉属，是一种中等体形的杂食动物，栖息于山地、草原、低洼地及丘陵等环境，也在岩洞及灌木丛中生活。

貉在我国的分布范围非常广泛，北至东北地区的大兴安岭，向南途经太行山脉再到长江三角洲地区，之后继续向东南和西南延伸。貉是一种较为古老的犬科动物，同时也是犬科中唯一有冬眠习性的种类。

貉／供图 视觉中国

━ 对人类，是危险的野生动物
　 对自然，是本土的"原住民"

近几年，野生貉出现在各大城市中与人类同城共居的新闻层出不穷，这其中出镜率最高的城市就是上海了。上海是一座国际化大都市，貉的到来，使城市中的人们很不适应，很多人认为是野生动物入侵了人类的城市家园。但其实并不是貉侵入人类的生活领地，貉才是这里土生土长的"原住民"，甚至在人类来到这座城市之前，貉就已经住在这里了。而随着人口数量的增多和城市化进程的逐步加快，貉的种群数量在一开始出现了大幅下降。但当它们适应了人类活动的干扰，或是城市环境得到有效改善后，貉逐渐习惯了和人类同城共居，随之而来的就是其种群数量的恢复。

貉 / 供图 **视觉中国**

貉 / 供图 视觉中国

▬ 一丘之貉？何以见得

　　貉和狗一样是犬科动物，但人们只会将狗视作忠实的朋友，却将同为犬科动物的貉组成"一丘之貉"这样的词语。都是犬科动物，为何有如此差别？

　　这或许是因为貉的食性。貉属于杂食动物，这就意味着它们什么都吃，不管是野外的荤腥还是人类的残羹剩菜，它们都是来者不拒的，因此，它们和人类"狭路相逢"的机遇会比狼和其他犬科动物更多一些。

　　此外，貉的长相有点"四不像"，它有点像狐狸，给人以狡猾的印象；幼年貉又像小狗，给人以"我见犹怜"的感觉；而在夏季换毛后或被雨水淋湿后的貉又有点像猪獾，给人以凶猛不好惹的既视感；在昏暗的夜晚，还会被看成豪猪。所以，很多人将时常出现在人类生活垃圾附近又"变化莫测"的貉视为一种可怕的生物，但这也说明人类自古以来就对貉有更多不同于其他野生动物的观察。

貉 / 摄影 王放

一 "筒子楼"里的邻居

"筒子楼"是二十世纪七八十年代中国特色的建筑结构，其特点是由一条长走廊串联着许多个单间，卫生间都是公用的，也被称为"公共住房"。因为长长的走廊两端通风，状如筒子，故称"筒子楼"。而貉正是生活在像"筒子楼"般的、四通八达的洞穴中，但是这种洞穴只是它们向狗獾或者其他拥有挖洞技能的动物那里"租借"的。

这是因为貉的脚趾无法张开，没有抓握能力，所以它们要借住在其他动物挖掘出来的洞穴里。而狗獾就是它们"公共住房"里的亲密邻居。

一 "貉"谐共处

其实在城市以外的野生环境中生存的貉的种群数量并不多，因为在野生环境中有很多貉的天敌，而貉的犬齿以及用来咬碎骨头、撕扯肌肉的裂齿都不怎么发达，这使得它们在那些纯肉食性的动物面前缺少天然优势，在豺、豹、金猫甚至是豹猫面前，貉都要逃之夭夭。然而在这些野生动物争先躲避的城市里，貉反倒能为自己博得一席之地。城市的环境对于貉来说，既安全又能实现食物自由，而且貉也主动适应了城市化的节奏。通过人们观察发现，我们一直认为夜行性的貉，竟然也会在下午 3 ～ 4 点就开始在人类活动较少的区域活动，而再次大规模外出活动就要等到夜晚 8 点以后了。由此可见，貉已经摸清了人类的作息时间，主动开始并适应和人类错峰出行了。看来这回要换成人类去思考如何与野生貉继续"貉"谐共处了。

生存与保护！

"貉"去"貉"从

上海野生貉的数量增加其实也体现了生态向好的趋势，人们也应该认真思考如何与野生动物和谐共处。如果大家有一天在家楼下遛弯时看到一群貉，切记保持冷静，不要惊慌，不要投喂，更不要按捺不住内心的好奇去抚摸它们，因为它们正在"貉"家团聚，享受着为数不多的和谐时光。貉在最新的《国家重点保护野生动物名录》中被新增为国家二级保护野生动物。当下人类应该逐渐接受貉在城市中出现的事实，积极调整心态适应未来的各种变化。

（文：孙路阳）

貉 / 摄影 王聿凡

Ciconia nigra

一 北京的生物名片

经过多年保护，北京的生态环境充分具备了黑鹳生活所需的基本条件。2014 年，中国野生动物保护协会授予北京市房山区"中国黑鹳之乡"称号。或许北京就是这样吸引来了"挑剔"的黑鹳，而黑鹳也从某种程度上证实了北京在生态文明建设上取得的成就。就这样，黑鹳已经逐渐成为北京的一张"生物名片"。

黑鹳 / 摄影 雷洪

生存与保护❶

在未来，北京将会留住更多的黑鹳

黑鹳不仅是国家一级保护野生动物，也是列入《濒危野生动植物种国际贸易公约》（CITES）附录Ⅱ的物种，受到国际社会的普遍关注。黑鹳保护行动开展多年，一系列针对黑鹳的保护措施已经取得了成效。北京拒马河一带的地区曾被评为"北京十佳生态旅游观鸟地"之一。此后，黑鹳在北京拒马河一带的种群数量呈稳定而缓慢地增长，希望在环境不断向好的同时有更多的黑鹳来到北京筑巢繁殖，也希望更多的人能一睹黑鹳这一濒危珍稀涉禽的灵动之美。

（文：孙路阳）

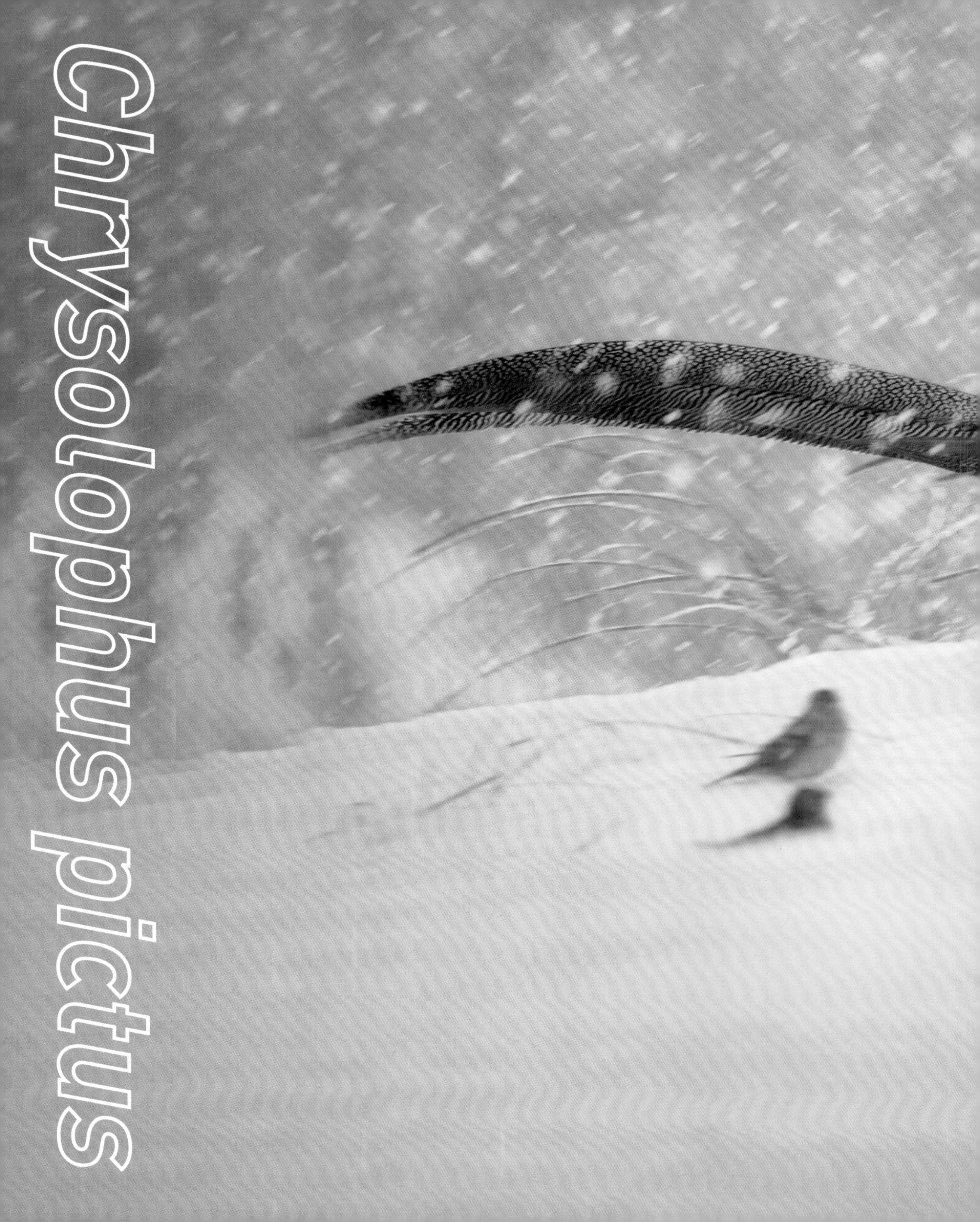
Chrysolophus pictus

红腹锦鸡

——林下华彩凤鸟久居丹穴，五德俱全金鸡耀古鸣今。

凤凰，传说其华丽无比，且只在贤良之君当政时才会降临世间。凤鸣岐山，说的便是周文王在岐山脚下闻得凤鸣的故事。

那么凤凰的原型究竟是谁？它们也许是属于鸡形目 - 雉科 - 锦鸡属的我国特有鸟类——红腹锦鸡（*Chrysolophus pictus*）。它们主要分布在我国青海东南部、宁夏、甘肃南部、山西南部、河南南部、云南东北部。

红腹锦鸡 / 摄影 冯江

一 五德之鸟

在中国的传统文化中，五是一个非常重要的数字。五行、五方、五谷、五色，样样都要凑满五种。在道德上，古人也有五德的说法。动物因它们的行为特征也被赋予道德意味，例如，"羊羔跪乳""乌鸦反哺"便是仁德的体现。但是大部分动物都难以凑满五德，而锦鸡属中的红腹锦鸡让人们眼前一亮！嚯！这不就是集五德于一身的"神鸟"嘛！

你看它头上有冠羽，就像读书人的帽子，代表它有文化；脚上有距，说明它善于搏斗；遇见敌人敢于拼命，这是勇气；有吃的时候不忘叫上同伴，简直不要太善良；它还会在黎明时准时鸣叫，这守时的信用观，稳了！

雄性红腹锦鸡身披红色外套，头顶和后背覆盖有耀眼的金色羽毛，枕后还有虎纹一般的"时尚披肩"，再加上蓝色飞羽和修长的尾羽点缀，因此当红腹锦鸡在林间飞过时，就宛如凤鸟降临一般。正因如此，这种集美丽与"道德"于一身的中国特有鸟被绣在了清朝二品文官朝服的补子上、站在 C 位被印在了《中国鸟（2008 年）》邮票上。

红腹锦鸡 / 摄影 斯塔凡·威斯特兰德

红腹锦鸡 / 摄影 宋林继

▬ 求爱的舞者

每年 3 月，雄性红腹锦鸡的求偶之舞也非常值得一看。

当求偶季来临，身着华服的雄性红腹锦鸡会选择一个心仪的山坡，抖抖羽毛，放松下喉咙，然后发出响亮的"嚓、嘎、嘎"声。这个声音对青睐于它的"女士"而言，就是世界上动听的情歌。

不远处，雌性红腹锦鸡被这歌喉吸引而来，悄悄站在了山坡下。她仔细打量着"男主角"。它的羽毛够不够华丽？歌声够不够优美？足够华丽的羽毛和优美的歌声都是健康的体现，只有足够强壮的雄性才能托付终身。

为了证明自己，雄性红腹锦鸡决定通过舞蹈来征服她的芳心。它小心地绕着"女主角"转着圈，当它转到"女主角"正前方时，会突然展开它那华丽的羽衣，然后压低一侧的翅膀，抬起另一侧翅膀，这简直就像是一个专业的健美选手在展示自己肌肉发达的手臂和背部。在求偶时，雄性红腹锦鸡可以这样一直跳上两个小时，直到打动雌性红腹锦鸡的芳心。

但如果此时有另一个"男主角"闯入了"舞池"，那温柔的雄性红腹锦鸡则会变成骁勇的战士。

在决定发起挑战之前，两只雄性红腹锦鸡会先互相打探下对方的实力。如果这位闯入者觉得自己无论是在力量上还是在气势上都稍有不足，迟疑片刻则会选择离开。而如果这位闯入者觉得自己并不比对方差，一场大战就在所难免。

红腹锦鸡 / 摄影　冯江

红腹锦鸡 / 摄影 冯江

▬ 世上只有妈妈好

红腹锦鸡是一雄多雌制的家庭。通常，1只雄性红腹锦鸡会与2～4只雌性组成一个家庭。但是，在交配完成后，只有雌性会肩负起繁衍后代的大任。它们会独自来到森林的隐蔽之处，建巢、产卵、育雏。

雌性红腹锦鸡每隔1天产1枚卵，最多能产12枚，孵化期要22天。它们的幼鸟属于早成鸟，是那种一出生就可以自由活动、主动觅食的鸟。

进入育雏期后，原本温柔的鸟妈妈就会化身为护鸟狂魔。如有靠近鸟巢者，无论强弱、体形大小，鸟妈妈都会不顾一切地挡在宝宝前面，宁死不退！

保护

成也萧何败也萧何

作为一种杂食性的鸟类，红腹锦鸡对食物的要求其实并不高，这让人工饲养红腹锦鸡成为可能。目前，人工饲养红腹锦鸡已经取得了相当成功的进展。但是，人工饲养只是在数量上让它们的种族得到了壮大，而在基因多样性等方面，人工饲养的红腹锦鸡与野生红腹锦鸡还有很大差距，这使得红腹锦鸡的保护还有很长的路要走。

红腹锦鸡 / 摄影 赵纳勋

目前，对红腹锦鸡的威胁主要是非法捕猎及生态环境的破坏，特别是栖息地的破坏。

作为一种华丽的鸟儿，从古至今它们都吸引着无数人的目光。也正是因为这种喜爱，让它们成了盗猎分子眼中的"聚宝盆"，以致濒临灭绝。而今在各方的保护下，红腹锦鸡终于有了喘息、复兴的机会。

（文：单少杰）

Lophophorus

虹雉

——冠羽霞衣鸾鸟隐居世外，高歌曼舞虹雉寄许芳心。

唐代，正值年少的诗人李商隐与一位名叫宋华阳的女子相识相恋。在此期间，李商隐创作了多首无题诗记录下了这段爱情故事及自己的心事，其中著名的一首便是《无题·相见时难别亦难》：相见时难别亦难，东风无力百花残。春蚕到死丝方尽，蜡炬成灰泪始干。晓镜但愁云鬓改，夜吟应觉月光寒。蓬山此去无多路，青鸟殷勤为探看。在这首诗中，李商隐以一位女子的口吻盼望着青鸟能代替她去看一看她的恋人。诗中的青鸟又称"青鸾鸟"，据考证便是中国的特有鸟类——绿尾虹雉（*Lophophorus lhuysii*）。

虹雉属于鸡形目－雉科－虹雉属，是主要分布在中国的一种鸟类。目前发现的有绿尾虹雉、白尾梢虹雉（*Lophophorus sclateri*）和棕尾虹雉（*Lophophorus impejanus*）。它们主要以植物为食物，如驴蹄草、报春花、锦鸡儿等，并且会随着季节和食物的分布做垂直迁徙。它们都非常美丽，它们之间显著的区别在于尾羽的颜色。

白尾梢虹雉 / 摄影 董磊

一 五彩斑斓的"黑"

对于设计师来说，客户的一些"奇葩"要求往往会令他们抓狂，如设计一个"五彩斑斓的黑"，但如果你看过虹雉，就会发现这个颜色居然可以是真实存在的。

在自然界，生物之所以有各种各样的颜色，除了其本身所含的色素，对光传播的影响也是使它们拥有绚丽光彩的原因。为人熟知的可能就是蝴蝶——它们翅膀上的细小鳞片可以让光发生折射、衍射等变化，从而显现出绚丽的色彩。其实不只蝴蝶，鸟类、兽类同样擅长此道。

虹雉属的鸟类的羽毛除了本身既有的色素，羽毛上细小的结构也会影响光的传播，从而让它们黑色的羽毛，从不同的角度呈现出金属般的七彩光芒。

正因如此，虹雉属的鸟类成为世界上最漂亮的鸟类。特别是绿尾虹雉，更是有"鸟国皇后"的美誉。但因为它们生性机敏，生存环境远离人烟，所以人类对它们的生活还充满诸多未知。

绿尾虹雉 / 摄影 冉亨军

■ 高调的爸爸，低调的妈妈

中国的三种虹雉中，绿尾虹雉仅生活在青海东南部、甘肃南部山区，以及四川宝兴、康定、平武等地的山区；白尾梢虹雉主要分布于西藏东南部、云南西部和西北部；棕尾虹雉主要分布于西藏南部等地区。无论是哪种虹雉属鸟类，它们都栖息于 3000 ~ 4000 米的高山灌丛、草甸、亚高山森林等地带。这些地方人迹罕至，难以靠近，给研究工作造成了巨大困难。

目前，我们只知道雉科的鸟类大多是"一夫多妻制"的家庭模式，但虹雉属鸟类是否也是这种模式目前尚无定论。有研究人员观察到它们是"一夫多妻制"的家庭，但也有研究人员认为它们是"一夫一妻"的"单配制"家庭模式，还有人认为它们是"混交制"。无论哪种家庭模式，孵化幼鸟都是雌鸟的工作。

棕尾虹雉 / 摄影 顾晓军

相比于雄鸟，雌鸟羽色多以棕色为主，朴实的配色可以让它们完美地隐匿在环境中。不过当雌性虹雉孵化幼鸟时，雄性虹雉也不会一走了之，它们会在远处守护着。当有天敌靠近，雄鸟绚丽的外表会更容易吸引天敌的注意。虽然这可能会增加它们被捕食的风险，但却可以保护配偶和后代。

从这个角度看，它们真的是好丈夫、好爸爸。当然，还可能是因为它们获得配偶的芳心

棕尾虹雉 / 摄影 冯江

一 爱的华尔兹

对动物来说，求偶可是它们的一件大事。

为了吸引雌鸟的注意，雄鸟会选择站在山崖的高处鸣叫，或者俯冲盘旋做一些特技飞行。当两只雄鸟相遇，它们便会展开一场激烈的决斗。上下跳跃、恣意飞舞，无数次的试探和防守只为将对手赶走。

不过，面对雌鸟时，它们可就不能靠打架来证明自己的强壮、健康了，毕竟没有哪个女孩子会喜欢粗鲁的男孩子。于是，雄鸟选择用舞蹈来证明自己。它们会绕着雌鸟竖起自己的冠羽，挺起自己的胸膛，半蹲并展开自己的翅膀和尾羽，同时配合技巧丰富的舞步。如果雌鸟也认可了它，便会蹲下身体，垂下翅膀，雄鸟随即跃到雌鸟背上。

绿尾虹雉 / 摄影 何晓安

白尾梢虹雉 / 摄影 王斌

棕尾虹雉 / 摄影 谢建国

生存与
保护❶

消失的彩虹

分子系统学、地理分布格局和形态学研究显示，虹雉属鸟类的祖先生活在我国横断山脉，后来一支后代演变为白尾梢虹雉，另两支则分别向东、西两个方向扩散，分别演化为绿尾虹雉和棕尾虹雉。

气候变化和人类猎杀是导致其分布地狭窄、数量稀少的主要原因。特别是人类的猎杀，为了获得它们的羽毛、肉，很多虹雉属鸟类都倒在了人类的弓箭、猎枪之下。此外，中药挖采、林木砍伐也都间接影响了中国虹雉属鸟类的生存。

为了保护这些漂亮的鸟，中国将三种虹雉属鸟类列入国家一级保护野生动物。同时，我们在原产地划定了很多保护区，例如，四川蜂桶寨国家级自然保护区、甘肃白水江国家级自然保护区、四川卧龙国家级自然保护区、四川唐家河国家级自然保护区等。

这山间的彩虹，必将继续闪耀山间！

（文：单少杰）

棕尾虹雉 / 摄影 谢建国

Haliaeetus pelagicus

虎头海雕

——巨喙利爪大鹏击海而生，相濡以沫神雕再现侠侣。

它们形似巨鹰，是北境天空中的"百兽之王"。

它们对爱情忠贞不二，亦是为人们歌颂赞美的神仙眷侣。

它们，就是体形最大的雕 —— 虎头海雕（*Haliaeetus pelagicus*）。

虎头海雕 / 摄影 马晓光

━ 是鹰还是雕？

虎头海雕，属于鹰形目－鹰科－海雕属。不少人在看到它们的第一时间都会脱口而出："哇，好大的鹰！"但其实，它们跟鹰既有联系又有区别。

按照现在的分类学，鹰科下面有雕亚科、鹰亚科、鸢亚科等多个亚科。虎头海雕既属于雕亚科，又属于更高一级的鹰科，所以我们可以说它是一种鹰。

但从形态特征看，雕和传统意义上的鹰还是有区别的。显著的区别就是雕的体形要比鹰大。从细节来看，雕腿上的羽毛往往都能盖到爪子，而鹰几乎都是露着"小腿"。此外，雕的爪子和喙一般也比鹰的要大。正因如此，雕可以捕捉羊、鹿这样的大动物，而鹰只能捕捉兔子这样的小动物。如果它们飞起来，区别就更明显了。雕的翅膀普遍比鹰大，飞行时翅膀的形状大多是长方形，而鹰飞行时的翅膀则是呈修长且弧线明显的角形。

虎头海雕 / 摄影 马晓光

■ 大器晚成的鸟中之王

虎头海雕之所以被叫作"虎头"，不仅仅是因为它们霸气如百兽之王，更是因为它们头上有形似虎纹的灰褐色斑纹。可因为它们本身的羽毛是棕色的，所以这些虎纹从远处看反而不那么明显，倒显得没那么"虎头虎脑"了。

但虎头海雕不是一出生就自带霸气属性的。小虎头海雕在出生后 3 个月左右就可以飞翔，但这时它们的羽毛以棕色为主，看上去毫无霸气感可言。直到四五年之后，它们才能拥有成鸟那种帅气的配色。

白尾海雕与虎头海雕 / 摄影 李洪文

■ 爱吃鱼的大个子

　　虎头海雕究竟可以长到多大？它们的翼展能超过 2 米，有记录的最重体重足足有 12.7 千克。作为一种能飞的鸟，这样的体重可不是谁都能达到的。更神奇的是，养成如此庞然大鸟的食物居然不是牛、羊这样的"大肉"，而是各种鱼，如鲑鱼。

　　相比于其他雕类，海雕的爪子格外长而弯曲，这与它们需要捕鱼的习性相适应——没有尖锐的长爪子，还真是抓不住这群滑溜溜的家伙。当然了，在食物不足的时候，它们也不会介意抓些赤狐、水獭这样的动物填填肚子。它们还会仗着自己体形大，从其他鸟类嘴里抢吃的，被抢的鸟儿打不过也只能认倒霉，灰溜溜地离场。但如果抢食的是两只海雕，甚至是一群海雕，那画面就精彩多了。图中的这三只海雕，就为了那一条与它们体形极不相称的鱼大打出手。真不知道它们到底是为了食物而争斗，还是为了王者的尊严而争斗。

虎头海雕 / 摄影　马晓光

生存与
保护❶

侠侣难觅

相比于其他海雕，虎头海雕的数量格外稀少，据估计大约只有 5000 只，影响它们生存的主要因素除了自身繁殖能力弱以外，还有栖息地被破坏，鱼类的过度捕捞、环境污染等因素。

虎头海雕属于国家一级保护野生动物，但对它们的研究还存在很大的空白。所幸随着人们环境保护意识的提高，这些"冷门动物"受到的关注也越来越多。希望在不久的将来，我们还有机会一睹这些侠侣的英姿。

（文：**单少杰**）

白腹海雕 / 摄影 邱小宁

Tamias sibiricus

花 鼠

在森林的空地上，一种松鼠科小动物正在忙碌地找寻食物，它好像无意欣赏秋季的美景。这是一只花鼠（*Tamias sibiricus*），根据它身上特有的5条纵纹可以很容易地识别出来。

花鼠是啮齿目－松鼠科－花鼠属的物种，是分布在欧亚大陆北部的一种小型松鼠，它们与分布在北美洲的众多花鼠属动物有着非常近的亲缘关系。由于长相活泼可爱，因此也是许多动画片的原型。

花鼠行动敏捷，习惯独居，对自己的领地守护得非常认真，一旦有同类越界进入，就会毫不客气地把"入侵者"赶走。花鼠以植物种子、果实、叶芽及昆虫为主要食物。秋季是花鼠忙碌的季节，它们会把颊囊（口腔内两侧的囊状结构，用来暂时贮存食物）塞得满满的，搬运用于过冬的食物。

花鼠 / 摄影 谢建国

半冬眠的小家伙

每年 10 月底，花鼠开始冬眠。花鼠冬眠时会把身体缩成球状，双耳紧贴头部，后肢分开，头卷曲靠在腹部，前肢靠近嘴的两侧，尾巴卷曲绕在颈部，体温可下降到 0.5℃，呼吸次数减少为每分钟 4 次。花鼠是半冬眠动物，冬眠时 5 ～ 7 天苏醒一次。苏醒那段时间它们会排出大小便，吃些食物补充体力，有时甚至会到洞穴外活动一会儿。就这样，依靠洞穴中贮藏的食物，花鼠度过了漫长的冬季。

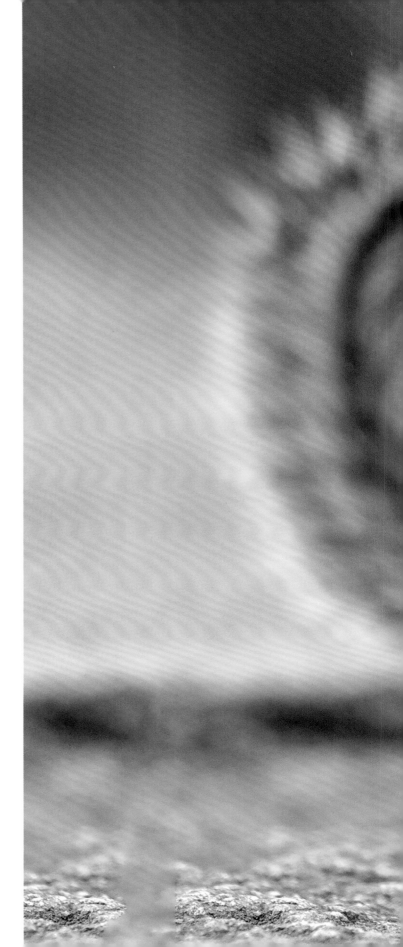

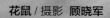

花鼠 / 摄影 顾晓军

■ 情歌招夫婿

一般来说，雄性花鼠比雌性花鼠提早两个星期结束冬眠，它们要重新划分领地，这对雄性花鼠十分重要，因为领地是它们能够生存和繁衍的基本条件。

当山间野花绽放的时候，花鼠的繁殖期也到来了。雌雄花鼠在外形上较难区分，只有在发情期雄性花鼠的睾丸发育得较大、从腹腔降到体外时才能较为容易地区分。

雌性花鼠发情时的表现为整天鸣叫，发出类似"嘟儿、嘟儿"的声音来招引雄性花鼠与之交配。

花鼠每胎平均有 3 ~ 5 只小宝宝。在出生一个月后，花鼠宝宝会钻出地下洞穴，在刚开始探索世界的这段时间里，品尝各种食物和追跑打闹是两项重要的内容，不过它们警惕性很高，稍有风吹草动就会迅速跑回家中。两周之后，小花鼠会离开妈妈的洞穴，开始自己的新生活。它们需要各自找到一块领地，挖出一个洞穴，学会躲避天敌并开始贮藏食物。所有这一切都必须独自完成。当然，生活是艰难的，并不是每一只小花鼠都能完成这一切。研究文献表明，只有25%~35% 的小花鼠能活到来年春天。

花鼠 / 供图 伊春野生动物保护协会

花鼠 / 摄影 谢建国

▬ 存粮备荒

夏季，食物丰富了。森林里出现了花鼠喜欢吃的昆虫，有时它们也会偷吃鸟蛋和雏鸟，像个"小强盗"。花鼠的捕食技巧并不高明，但是知道对昆虫和小鸟的头部下手，并且先吃掉头部。在潮湿多雨的夏季，花鼠还会在树洞中建造第二个家，以避免"洪涝灾害"。这个家像一个别墅，既能看风景，又能避风雨。

秋季来临，花鼠又开始贮藏食物了。它们贮藏食物有两种方法：一种是在洞穴内集中贮藏食物（研究文献表明，花鼠在洞穴内可以贮藏 6 千克食物）；另一种是在领地内采用分散的方式将食物贮藏在落叶和土壤下。

转眼间，又到了 11 月，林地中已经见不到花鼠的身影了，它们又开始冬眠了。在冬眠期间的转醒期和冬眠后的春季，花鼠靠秋季贮藏的食物过活。

无心插柳柳成荫……

作为食物链底端的小动物，花鼠为森林中的食肉动物提供了食物来源。花鼠分散贮藏食物的方式对森林的更新意义重大，这种贮食方式使植物种子尽可能地大范围疏散开来，尽管被贮藏的种子只有很少一部分能够萌发生长，但是这确实促进了森林的更新。花鼠无意中扮演了一种颇有意义的角色，就是这样一个小小的但却极为重要的环节，使得整个森林受益。

（文：**孙忻**）

花鼠 / 摄影 谢建国

Panthera pardus japonensis

华北豹

　　豹是一种美丽的猫科动物，通常豹的体色为浅褐色到淡黄灰色，胸前、腹部、腿内侧为白色；身上点缀有黑色的花瓣状斑点，而在头部、腹部和腿上则是黑色的实心斑点。根据这种斑纹特征，中国民间通常把豹称为"金钱豹"，而在非洲则多称为"花豹"。

　　一般来说，豹的体色从南至北逐渐由明转暗，斑点也随之从小变大。东南亚和非洲雨林中的豹体色鲜艳、斑点小而密集，远东豹则毛色较浅且环状斑点大而稀疏。豹色彩斑斓的毛皮并不是为了炫耀，而是对生存环境的一种适应。在林地中，豹的斑纹使得它们能够很好地与环境融为一体，是一种很好的保护色。

　　与虎一样，豹的亚种众多，现在学术上比较公认的是 9 个亚种。华北豹（*Panthera pardus japonensis*）属于食肉目－猫科－豹属动物，是仅分布在我国的特有亚种，主要分布在太行山、吕梁山、太岳山、子午岭、六盘山和秦岭等山区。最新的研究认为，生存在四川西部、西藏东部的横断山脉和青海西部地区的豹，也极有可能是华北豹。

华北豹 / 供图 猫盟

华北豹 / 供图 猫盟

一 北京老家

1862 年，时任大英博物馆动物学部负责人的约翰·爱德华·格雷（John Edward Gray）依据一张在日本被皮货商收购的豹皮描述了一个新物种，并将其命名为 Leopardus japonensis，即日本豹。但日本并不是豹的产地，后经考证，该豹皮来自中国北京西北部的山区，即今天北京的昌平、延庆一带。1867 年，格雷又根据一块采集于北京西部山区的豹头骨描述了一个新物种，并将其命名为 Leopardus chinensis，即中国豹。随后，格雷命名的这两个物种被认定为同一个物种。在之后厘定的豹亚种分类中，这个亚种被称为 Panthera pardus japonensis，即华北豹。

因此，北京是华北豹的科学发现地，即模式产地。历史上，北京西部、北部和东部山区都是华北豹的栖息地。随着人类活动的影响、盗猎的发生和栖息地的丧失，到了 21 世纪初，华北豹在北京消失。

■ 华北豹之乡

山西和顺之所以被称为"华北豹之乡"，是因为中国猫科动物保护联盟（简称"猫盟"）在这里开展长达十余年的野外监测，结果显示，**在山西和顺生存着较为健康的华北豹野生种群。** 仅在 2016—2020 年，猫盟一共在山西和顺地区监测并识别出 108 只华北豹。其中著名的一只豹是"M2"，自 2008 年出现，于 2019 年消失，这只雄豹在山西和顺地区生活了 11 年。在鼎盛时期，M2 的领地达到了 283 平方千米。

华北豹 / 摄影 谢建国

■ "带豹回家"

　　近年的监测显示，在山西和顺的太行山南部、陕西北部的子午岭、宁夏南部的六盘山等地都生存着一定数量的华北豹。2017 年，在诸多伙伴的支持下，猫盟启动"带豹回家"项目，拟将生存在山西和顺的华北豹通过太行山脉逐步扩散，重回北京。这是一项宏伟的计划，以豹之名，修复华北荒野。

　　2019 年，河北驼梁国家级自然保护区监测到一只华北豹。随后的三年中，至少三只华北豹出现在该保护区。这是一个非常振奋人心的消息，表明华北豹已沿太行山脉生态走廊从山西向北迁移了 200 千米，"带豹回家"项目迈出了坚实的一步。

华北豹／供图 猫盟

华北豹／供图 猫盟

生存与保护 !

怀"豹"希望

豹是分布较广的大型猫科动物，分布区从非洲通过阿拉伯半岛一直延伸到东亚。从最高温度50℃的卡拉哈里沙漠，到最低温度 −30℃的俄罗斯远东森林，从低海拔的平原地带到高海拔的青藏高原和乞力马扎罗山区，都能见到豹的踪迹。

2006 年的一项研究表明，豹已经失去了63% ~ 75% 的历史栖息地，这是科研人员在查阅了 1300 多份资料后得出的结论。而在中国，华北豹则失去了 96%~98% 的历史栖息地。近年来华北豹得到了较多的监测和保护，虽然还不能得出具体的种群数量，但总体监测结果表明，华北豹的种群状况比我们原先想象的要好。

（文：孙忻）

华北豹 / 摄影 蔡琼

Gazella subgutturosa

Procapra przewalskii

Procapra picticaudata

黄羊

—— 广袤天阶黄羊"三族"鼎立，貌同实异翘臀辨明真身。

黄羊一般指蒙古原羚，但是在这里我们要讲另外三种名字里同样有"黄羊"的动物，它们分属于鲸偶蹄目－牛科－瞪羚属和原羚属。它们是什么羊？字面意思上，它们是黄色的羊。但古人口中的羊，可不仅是今天我们知道的山羊、绵羊，而是包括了更大一类动物，如各种羚羊。纵使都叫黄羊，也有长尾黄羊、滩黄羊、西藏黄羊之分，在这里先讲讲它们吧。

藏原羚 / 摄影 冯江

鹅喉羚 / 摄影 李维东

黄羊三家族

　　长尾黄羊，主要分布于新疆准噶尔盆地、塔里木盆地、阿尔金山，广东昆仑山，青海柴达木盆地，内蒙古西部，甘肃西部和宁夏荒漠区等海拔 2000 ～ 3000 米的高原开阔地带。它的正式中文名字，也就是得到官方认可、出现在各种学术期刊里的名字，叫作"鹅喉羚"（*Gazella subgutturosa*）——得名于雄性鹅喉羚的脖子上有一个类似成年男性喉结的肿起。它的英文名字 Goitered Gazelle 也意指"甲状腺肿大的瞪羚"。但雄性鹅喉羚脖子上的肿起并不是它的甲状腺，而是喉部软骨，这个软骨只有在繁殖期才会凸显。因为鹅喉羚有一条细长的黑色尾巴，所以当地人还是更习惯称其为"长尾黄羊"。

藏原羚／摄影 谢建国

普氏原羚／摄影 星智

　　滩黄羊，仅分布在青海湖一带及近祁连山谷的狭小区域，数量也岌岌可危。它的正式中文名字叫作"普氏原羚"（ *Procapra przewalskii* ），这里的"普氏"是指一位叫作普尔热瓦尔斯基（ Nikolay Mikhaylovich Przhevalsky ）的俄国探险家，他也是普氏野马的发现者。1875 年，普尔热瓦尔斯基在中国内蒙古鄂尔多斯地区首次发现了普氏原羚。近年来，有的人呼吁将普氏原羚改名为"中华对角羚"——得名于雄性普氏原羚头上那对黑色且向内弯曲的角。

普氏原羚 / 摄影 **杨涛**

　　西藏黄羊，主要分布在海拔 3500 ~ 5000 米的青藏高原一带，冬天天气较冷时会迁移到海拔 3500 米以下、积雪较少的草场一带觅食。它的正式中文名字叫作"藏原羚"（*Procapra picticaudata*）。名字上与藏羚很是相近，但二者在大小、体态方面均有区别，藏原羚与藏羚最大的不同，是有一个白色的、桃心形的屁股。藏原羚的听觉和嗅觉非常灵敏，发现天敌时会迅速逃离。在奔跑的时候，藏原羚会把短短的尾巴翘起来，雪白的屁股在太阳的照射下就像会发光一样，这也可以提醒其他伙伴有异常，从而一起逃跑。

普氏原羚 / 摄影　陈建伟

一 求爱大作战

繁殖是每个动物都需要面对的"人生大事"，黄羊们也不例外。但是在争夺配偶方面，三种黄羊的表现大不相同。

在家庭组成模式上，黄羊都是一雄多雌制，这就意味着为了争夺雌性，雄性之间必然会产生争斗。藏原羚和普氏原羚"决斗"的方式最简单，在大部分争斗中，雄性之间只是相互追逐，直到一方被驱逐出领地，极少发生激烈的争斗。鹅喉羚就复杂多了，为了求偶，它们会掀起一场"圈地运动"。

鹅喉羚有两个功能不同的生活区，分别是休息区和觅食区。白天，鹅喉羚主要待在休息区躲避高温烈日，到了夜里，它们则会迁移至觅食区寻找食物，直到第二天清晨返回。每年11月初至12月初，进入发情期的雄性鹅喉羚会尾随雌性鹅喉羚往返于休息区和觅食区，并根据雌性鹅喉羚的往返路线划定自己的专属区域。然后，雄性鹅喉羚便进入了下一个阶段——寻觅配偶。每天早晨，拥有领地的雄性鹅喉羚会在第一批雌性鹅喉羚抵达之前进入领地，宛如恭迎来宾的"男主人"。当它们发现雌性鹅喉羚在远处出现时会高高地昂起头，就像一个在炫耀自己的勇士一般从雌性鹅喉羚身体后部接近，或者先从身体前部接近，再转至身体后部。假如雌性鹅喉羚已经靠得很近了，雄性鹅喉羚则会换一种姿势从其后面靠近。它们会努力向前伸长脖子，并把耳朵转向后面，从远处看它们的脖子和耳朵几乎与地面持平。

从高昂的勇士到臣服的侍者，雄性鹅喉羚的目的只有一个，就是尽可能地把雌性鹅喉羚引入自己的领地。如果进入领地的雌性鹅喉羚有要离开的意思，雄性鹅喉羚还会通过鸣叫、追逐等方式阻止其离开，直至交配完成。

不过，如果靠近领地的是同性，情况就完全不一样了。如果一个领主发现一个没有领地的雄性鹅喉羚靠近，就会摆出迎战的姿势。而来访的雄性鹅喉羚往往也很识趣，一般都是顶几下角就主动告退了。但如果两个领主的领地相邻甚至重叠，画面就精彩了。两个领主相遇后，会先低下头，用角对着对方，然后相互顶撞。战况激烈时，它们还会先后退几步，然后猛地冲向对方。如此几次，直至双方觉得打得差不多了，才会返回各自的领地。

鹅喉羚 / 摄影 谢建国

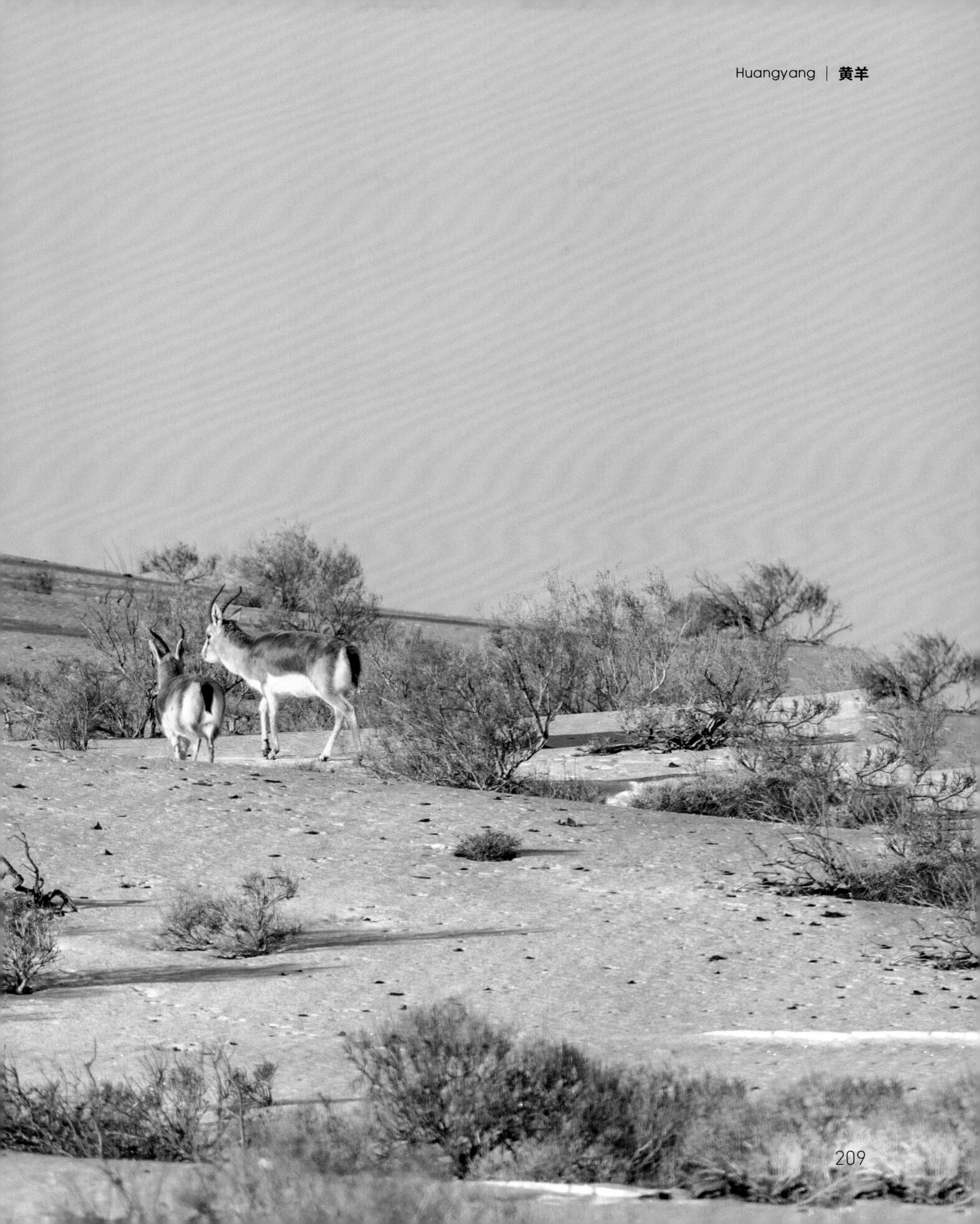

藏原羚 / 摄影 谢建国

**生存与
保护**

永不消散的塞上黄羊曲

历史上，三种黄羊的分布范围都比现在要广，数量也比现在多得多，但是因为环境破坏、人类猎杀，三种黄羊的数量都出现了断崖式下跌，特别是普氏原羚，最少时仅剩不足 300 头。好在人类及时采取保护措施，建立了一系列保护区，例如，甘肃祁连山国家级自然保护区、青海可可西里国家级自然保护区等。这些大大小小的保护区彼此相连，将青藏高原打造成了黄羊们的避难所。此外，保护区的工作人员在加强巡逻的同时，在这里种植、培育了很多黄羊的食物，让它们住得稳、吃得好。

（文：单少杰）

Catopuma temminckii

金 猫

金猫（*Catopuma temminckii*），又称"亚洲金猫"，是食肉目－猫科－金猫属动物，是我国分布的 13 种猫科动物之一。金猫主要分布在我国华南、西南地区，以及喜马拉雅山脉南麓和东南亚地区，会随季节变化而垂直迁徙。

金猫属于中型猫科动物，目前科研人员对其研究偏少，而且研究主要集中在东南亚和南亚地区的种群。虽然缺乏可靠的金猫种群评估，但根据已有研究可推测出金猫的种群数量在持续下降。

金猫／摄影 肖飞

▬ 毛色多变

　　金猫毛色极其复杂而多样，大体可以分为体表没有斑纹的普通色型和体表带有斑纹的花斑色型。普通色型可分为红棕色型、麻褐色型、灰色型和黑色型，花斑色型可分为豹纹型和暗网纹型。金猫多样的色型在猫科动物中是非常独特的，多种色型的金猫可以在同一片栖息地中出现，同一窝小金猫中也会出现普通色型和花斑色型。

　　已有的研究发现，红棕色型和灰色型的金猫广泛分布于亚热带。花斑色型的金猫在干燥落叶林、热带草原、草地，甚至灌木地更为常见，主要分布在我国华东、四川，以及喜马拉雅山脉东南麓。黑色型的金猫则更容易被发现于热带和亚热带森林。

　　金猫的普通色型与花斑色型之间可能并没有绝对的分界线，而是存在不同程度的渐变过渡色型。或者更严谨地说，金猫其实并没有那么多色型，就是纯色金猫和花斑金猫，以及它们各自黑化产生的黑色型。

金猫 / 摄影 肖飞

金猫 / 供图 视觉中国

— "彪"行天下

金猫是一种中型猫科动物，更像是大号的豹猫。金猫和豹猫的眼间、面颊都有两条明显的白色短竖斑，极具辨识度。金猫以啮齿类、鸟类、小型有蹄类动物为食，捕猎迅猛、行事彪悍，在动物园的饲养记录中，曾出现雄性金猫咬死雌性金猫的情况。

金猫行踪隐秘，这种体形中等的猫科动物自古以来就被赋予了较多的神秘色彩。中国古典文学作品中会用"龙虎彪豹"来排名凶猛动物。根据诸多的古文描述和清代官服上的图案可以判断，金猫极有可能就是"彪"，或者是"彪"的原型。

— 夜伏昼出

人们曾经认为金猫主要在夜间活动。近些年的红外相机拍摄结果表明，金猫更多是在白天活动。来自泰国和苏门答腊岛的数据表明金猫主要在上午和黄昏活动，来自云南德宏的数据表明金猫均在白天活动，来自西藏墨脱的数据表明金猫在白天活动居多。只有受人为因素干扰较多的地区，金猫才会表现出偏夜间活动。

金猫 / 供图 甘肃省白水江国家级自然保护区管理局

前路茫茫，道阻且长

2021 年的一项研究，将 2000—2020 年金猫在大陆热带区域的历史分布范围相关的所有文献资料、红外相机记录、目击记录、网络数据库及未发表的内部文件进行整理，结果显示 2000—2020 年金猫栖息地面积已减少了 68%，预计未来 20 年将进一步减少 18%。

在我国，金猫的历史分布区曾广布全国 14 个省。如今，金猫在国内的分布呈孤岛状和高度破碎化，广东、江西、福建、浙江、湖南、湖北、安徽等省份已基本没有金猫的野外记录，近期仍有记录的地区是四川北部和西部、甘肃东南部、宁夏西南部、陕西西南部、西藏东南部、云南西部和南部。岷山北部四川老河沟、甘肃白水江一带的金猫种群，是目前国内已知最大的野生金猫种群。

（文：孙忻）

Rhinopithecus

▬ 高山之巅的"烈焰红唇"

滇金丝猴生活在澜沧江与金沙江之间云岭山脉两侧海拔 3800 ~ 4700 米的高山深谷地带，栖息于高山暗针叶和针阔混交林中，是分布海拔最高的猴子。

滇金丝猴拥有性感的"烈焰红唇"，嘴唇的红艳程度可以反映滇金丝猴的健康状况。这种加厚的红唇极具辨识度，越南金丝猴和怒江金丝猴也有类似的红唇。

由于栖息地海拔较高，食物并不丰富，因此滇金丝猴演化出以松萝为主要食物的食性。松萝是一种寄生性地衣，生长在高山的老树枝干或高山岩石上，呈悬垂条丝状。滇金丝猴通过取食数量相对较多但营养成分较低的松萝，以度过食物资源匮乏的冬季，这也是滇金丝猴应对高海拔严峻自然环境的一种适应性演化。

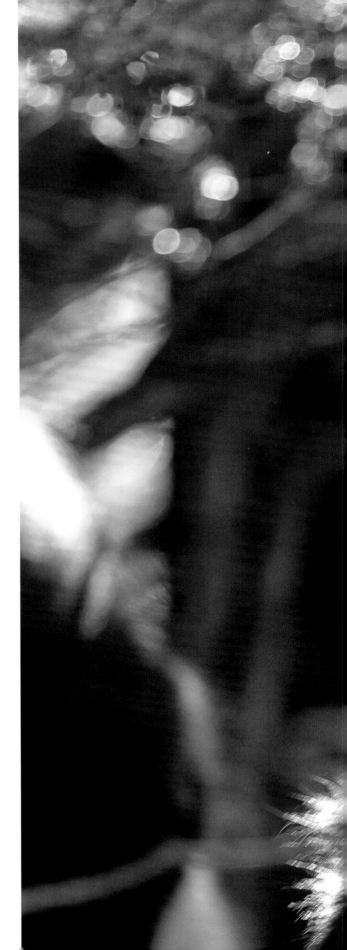

滇金丝猴 / 摄影 谢建国

川金丝猴 / 摄影 丁宽亮

怒江金丝猴 / 摄影 左凌仁

一 隔江划界

5 种金丝猴的分布很有意思，自西向东依次以江河划界而居。

怒江金丝猴分布在恩梅开江和怒江之间，也是分布最西的仰鼻猴；滇金丝猴分布在澜沧江和金沙江之间；越南金丝猴分布在红河以东；川金丝猴分布在长江以北；黔金丝猴分布在长江以南。

仰鼻猴属动物的分布，可以很好地帮助我们了解物种形成的机制。江河的存在，形成了天然的地理屏障，避免了在 5 个不同区域生存的仰鼻猴之间的基因交流，从而长期独立演化形成新的物种。

黔金丝猴 / 摄影 丁宽亮

川金丝猴 / 摄影　丁宽亮

生存与
保护❶

金丝猴家族的困境

5 种仰鼻猴中，黔金丝猴、越南金丝猴和怒江金丝猴被 IUCN 评估为极危级（CR）物种，川金丝猴、滇金丝猴被评估为濒危级（EN）物种。

栖息地破碎化、人类活动和偷猎是导致仰鼻猴种群下降的主要原因。跨国界的保护、栖息地的修复、减少人类活动的干扰、杜绝偷猎等措施的实施，都会给这些脆弱的物种带来继续生存的机会。

（文：孙忻）

Elaphurus davidianus

麋 鹿

——汝欲乘风归去，吾又归去来兮，风云流转百年矣，归来仍是故乡人。

麋鹿在牧，蜚鸿满野。——《史记》

周之冬，夏之秋也。麋多则害五稼，故以灾书。——《春秋左转注》

万麋倾角，猛虎为之含牙。——《抱朴子·博喻》

麋鹿（*Elaphurus davidianus*）是鲸偶蹄目–鹿科–麋鹿属的唯一一种现生鹿类，是中国特有的世界珍稀物种，距今有 200 万 ～ 300 万年的历史，最早起源于我国的长江、黄河中游地带，是一种生活于低海拔湿地和平原地带的动物。曾经，麋鹿在中国的种群繁盛，分布范围更是囊括了大半个中国。但是，随着人类社会的发展，对于肥沃的湿地土地的开发和人为的捕猎致使其种群数量逐渐凋零，现为国家一级保护野生动物。

麋鹿 / 摄影 孙华金

一 神兽"归去来"

通过考古研究，我们发现麋鹿曾经广泛地生活在我国东部，但在19世纪后，它们的种群数量急剧减少。到了清朝，为数不多的麋鹿都被圈养在南海子皇家猎苑。19世纪60年代，恰逢欧洲人来华热潮，也就是在这时，一个改写麋鹿历史的人登场了。

1865年，法国天主教神父、动植物学家阿尔芒·戴维在南海子皇家猎苑看见了麋鹿，只此一眼他便看出了麋鹿的与众不同。那是他在西方国家从未见过的一种鹿科动物。阿尔芒·戴维转而将麋鹿的消息带到了海外，并在1867年发表了有关麋鹿新种的论文，从此麋鹿在欧洲名声大噪。在这之后，欧洲人通过明索暗取的方式获得了部分麋鹿活体。然而在1900年前后，洪灾等自然灾害和战争原因使得麋鹿这个在中国繁衍生息了百万年的物种在这片原生地上彻底灭绝。

此时，之前被欧洲人运送到国外的那些麋鹿竟成了这一物种在地球上的唯一"星火"。20世纪80年代中期，中国政府希望能够在中国恢复这个物种，20只麋鹿从英国乌邦寺乘坐飞机抵达中国北京的南海子麋鹿苑（*原清朝南海子皇家猎苑*）。至此，在海外漂泊了一个多世纪的麋鹿，终于回归了故乡。

麋鹿 / 摄影 孙华金

239

一 奇特长相"四不像"

麋鹿之所以让阿尔芒·戴维"一见倾心"，是因为麋鹿的长相极为奇特，与其他鹿科动物既有相同之处，又有不同之处，素有"四不像"的称号。

脸，似马而非马。麋鹿的脸型与马非常近似，都是一张"大长脸"。但是其鼻子的形状像牛而非马，而且麋鹿的两耳间距比马的两耳间距宽。麋鹿为什么会进化成瘦长的脸型呢？其实，这与麋鹿的生活环境有很大的关联。由于生活在沼泽湿地，平日里麋鹿喜欢采食鲜嫩的水生植物，尤其是浮水、挺水和沉水类的植物。即便这些浮水、挺水类植物还没有长出水面，也会被饥肠辘辘的麋鹿盯上，这时麋鹿会将头伸入水中采食。久而久之，麋鹿的脸部最终演变成现在的模样。

蹄，似牛而非牛。麋鹿是鲸偶蹄目动物，由于生活在沼泽湿地，麋鹿的蹄子与其他生活在山地林间的鹿科动物截然不同。现生麋鹿有 4 蹄，前 2 蹄着地起到主要支撑作用，称为主

麋鹿／摄影 冯江

蹄；后 2 蹄不着地，称为悬蹄。麋鹿的蹄子和水牛的蹄子较为相似，但是麋鹿的 2 个悬蹄比水牛的悬蹄长，在泥泞的道路上可以着地起到支撑作用。而且麋鹿的 2 个主蹄在软泥湿地上和游泳时可通过蹄间的皮腱膜进行较大角度的开张，以此增大与地面的接触面积，降低对地面的压强，可以避免在泥泞中下陷，也可以加快游泳速度。

尾，似驴而非驴。麋鹿的尾巴是所有鹿科动物中最长的。驼鹿、驯鹿、梅花鹿、马鹿的尾巴都比较短，约 10 厘米，而麋鹿的尾巴可长达 30 厘米，再加上尾巴末端的一撮长毛，其总长度可达 50 厘米以上。这样的长尾巴不仅能够帮助麋鹿在奔跑时保持平衡，还可以帮助它们驱赶水边的蚊虫，并起到抑制瘙痒等作用。

角，似鹿而非鹿。如果仔细看的话，就会发现麋鹿的鹿角与其他鹿科动物都不一样，最大的不同就是麋鹿角分叉是统一朝向身体后方，而其他鹿科动物的角都是分叉朝向身体前方；而且麋鹿的角尖处在同一高度，3 岁后的麋鹿脱落的鹿角倒置在平面上是可以站立不倒的，这也是判断是否是麋鹿角的一个标准。

麋鹿／摄影 斯塔凡·威斯特兰德

243

▬ 打扮一番，再去迎战

在麋鹿没有进入繁殖期时，整个鹿群一团和气，嬉笑玩耍好不欢快。一旦进入繁殖期，适龄的雄鹿便会开始一系列有趣的行为。首先，雄鹿会有磨角的行为，鹿角是它们防御敌人和求偶炫耀的利器，是生存必不可少的"贴身武器"，因此在开始真正的角逐较量前，雄鹿

麋鹿 / 摄影 孙华金

会在树干或草地上把鹿角打磨得光滑锋利。其次，雄鹿会走进水域和泥塘里，用鹿角挑起泥巴打涂在身上，还会挑起一些水草、树枝和其他异物到背上来装饰自己。进入发情期后，雄鹿还会用鹿角挑起杂草、藤蔓和树枝等大小不一的物品挂在角上，以此炫耀自己，从而赢得雌鹿的青睐。

生存与保护❗

麋鹿，愿你永不迷路

我国自 1985 年开启麋鹿重新引进项目，从英国乌邦寺庄园迎来了 20 只麋鹿至北京麋鹿生态实验中心（又称南海子麋鹿苑），后续又有多次引入。为了更好地开展麋鹿种群扩大及饲养繁育等工作，国家先后建立了江苏大丰麋鹿国家级自然保护区和湖北石首麋鹿国家级自然保护区，这也为麋鹿野外放归形成稳定野生种群起到了积极作用。中国麋鹿的种群重建是中国生物多样性的一个缩影，它展现了中国保护生物多样性的决心，并为国际社会提供了有实际意义的示范。当然，在麋鹿种群重建的过程中我们也面临各种新的挑战，保护麋鹿以及更多的像麋鹿这样珍稀濒危的野生动物的工作仍然要继续进行，这条保护之路仍然任重而道远。我们希望通过不懈地努力与保护，能够让饱经风霜雨雪的麋鹿，永远不要再迷路。

（文：孙路阳）

麋鹿 / 摄影 冯江

Equus ferus

普氏野马

—— 大漠孤烟野马难归故里，
沙砾滩河今日重迎骁骑。

曾经，它们叱咤于中国新疆的准噶尔盆地和蒙古国干旱荒漠草原地带，但因环境恶化，它们绝迹于荒原之上。如今，在各界环保人士的努力下，它们重新在华夏建立起了新的种群，它们就是普氏野马（*Equus ferus*）。

普氏野马属于奇蹄目－马科－马属。它们的身形与家马类似，但与家马的不同是它们的鬃毛不是下垂飘逸的，而是直立坚硬的。

普氏野马 / 摄影 李维东

野马还是野驴?

　　普氏野马里的"普氏"源自一位叫作普尔热瓦尔斯基的波兰籍俄国上校。1879年，彼时世人皆认为野马早已灭绝，而普尔热瓦尔斯基在他第三次中亚考察之旅中意外发现了活着的野马。次年，他正式宣布了这件事。因为他并没有带回实物，所以科学界对此持怀疑态度，认为他看见的可能是野驴。直至1889年，俄国的格鲁姆（Grum）兄弟正式捕获了4匹野马，野马尚存的事情才终于得到了认可，这种野马被命名为"普氏野马"。

　　普氏野马和野驴还是有一些区别。普氏野马的肩高约 1 米，体长约 2.5 米，体形要比野驴大一些。另外，在长期的野外进化中，普氏野马的毛色会有规律地更换，如在夏季，它们的毛色为土黄色，冬季则变为棕褐色。

普氏野马 / 摄影 谢建国

普氏野马 / 摄影 谢建国

▬ 漫长的归途

因为人类的捕杀、气候的变化、栖息地的丧失，1969 年，国际正式宣布野马在野外灭绝。在这之前，有一些野马被私人卖家运到了欧洲的动物园中，这才让这一物种得到了保留。目前的研究认为，现有的野马都是当初 12 匹普氏野马和 1 匹家马的后代。

这些野马在运抵欧洲后，经过数次繁殖与转运，目前已经超过了 2000 匹，这为野马的重新引入奠定了基础。

1978 年，第一次国际野马会议在荷兰阿纳姆动物园举行。与会的学者认为，当时世界上已经有了足够数量的野马，因此可以将野马的放归提上日程。经过讨论，因为中国新疆的准噶尔盆地是野马的原生地，所以中国为实现野马放归野化的两个国家之一（另一个是蒙古国）。

1986 年，林业部（现国家林业和草原局）和新疆维吾尔自治区人民政府在吉木萨尔县境内建立了"新疆野马繁殖研究中心"，开始实施"野马还乡计划"，并于当年从德国引入了第一匹普氏野马，此后又先后从德国、英国、美国引进 18 匹普氏野马。

引入容易，放归难。在经过将近 20 年的圈养后，第一次放归就出了问题。

一 强龙难压地头蛇

中国有句俗语"强龙难压地头蛇"，说的是再厉害的人到了一个新地方可能也会败给当地的小人物。野马的初次放归也遭遇了这样的事情。

2001 年 8 月 28 日，首批 27 匹普氏野马在众多人的注视下被放归野外。但在当年冬天，这群普氏野马却突然失去了踪迹。

这可急坏了当时的科研人员。顶着冷风，救援队员连夜开展了搜救，最终在距离放归点西南方向 80 千米的位置找到了这群普氏野马。但可惜的是，一匹成年雌马已经失踪，一匹马驹在被发现不久后就夭折了，其余的野马也都疲惫不堪，濒临体能极限。面对着这样的情况，科研人员只好用食物一点点地将野马引回围栏。

总结这次失败的教训，科研人员发现，原来是阿勒泰山地牧民的家养马在与普氏野马相遇后发生了摩擦。家养雄马试图抢夺雌性普氏野马，而雄性普氏野马首领因长期被圈养，战斗力不足，战败于家养雄马，导致雄性普氏野马首领不得不带着自己的家庭成员向西南方向撤退，并陷入险境。

普氏野马 / 摄影 陈建伟

普氏野马 / 摄影 齐险峰

生存与保护❶

野马回归

在这之后，科研人员吸取教训，加强了对保护地的管理，并继续在新疆、甘肃、内蒙古组织了多次放归。截至 2022 年 8 月，中国现有野马 700 多匹，数量位居世界第一。值得一说的是，其中有 19 匹普氏野马完全脱离人为干预，靠自己的能力在大自然中生存下来并且繁育了后代。

作为一种失而复得的物种，野马的再引入为其他动物的保护提供了范本。在未来，也许会有更多的物种如同它们一样驰骋在祖国的大好河山里。

（文：单少杰）

Budorcas bedfordi

秦岭羚牛

——秦岭深处，有兽焉，其状如牛而角锐，金发乌眸，魁梧非凡……只此一眼，好似《山海经》里的神兽从神话故事中踏蹄而来。

羚牛是亚洲特有物种，属于牛科－羚亚科－羚牛属的大型有蹄类食草动物。它们主要分布在喜马拉雅山东麓密林地区，也是典型的高寒物种。

羚牛是一种古老的物种，可以追溯到 200 万年前，后来由于第四纪冰川期导致环境巨变，部分羚牛因此绝迹，遗留下来的羚牛逐渐扩展到了中国的西藏、云南、甘肃、四川、陕西等地，并且逐渐形成了如今从北到南的 4 个独立物种——秦岭羚牛（*Budorcas bedfordi*）、四川羚牛（*Budorcas tibetanus*）、不丹羚牛（*Budorcas whitei*）、贡山羚牛（*Budorcas taxicolor*）。

秦岭羚牛 / 摄影 孙晋强

秦岭羚牛／摄影 孙晋强

一 狂野巨兽

    在正午阳光的照耀下，秦岭羚牛的全身毛发闪烁着耀眼的金黄色，因此也被称为"金毛羚牛"。它们体形庞大，成年雄性体重可达 400 千克。它们喜欢群居，十余只甚至上百只聚集在一起，尤为喜欢在早晨、黄昏和夜间活动。在阳光明媚的白天，它们喜欢躲藏在密林中，时而在草坡、森林或水源地行进，时而舔舐岩石补充体内所需盐分。它们的嗅觉极其灵敏，当遇到危险时，会发出警觉的叫声，示意大部队迅速隐入密林。虽然秦岭羚牛群体意识强，善于躲避危险，但如果需要战斗的话，它们个个都很勇猛。在繁殖期间，羚牛的性情更是极为暴躁。

秦岭羚牛 / 摄影 顾晓军

秦岭羚牛 / 摄影 孙晋强

生存与保护 ❶

没有天敌，才是最危险的

4 种羚牛均被列为国家一级保护野生动物。其中，秦岭羚牛的种群数量近年来呈明显增长。这原本是件值得高兴的事情，却也备受争议。

自野生华南虎从秦岭绝迹后，秦岭羚牛几乎成为秦岭山脉中体形最大的野兽，即使在华北豹面前也无所畏惧。正是由于天敌的缺失，秦岭羚牛的种群数量逐渐增长，秦岭地区现有超过 10000 只羚牛。

夏季，秦岭羚牛主要在高海拔地区活动，到了秋冬季节便会迁徙到低海拔地区活动。这个时候，秦岭羚牛很容易和过路的居民"狭路相逢"，加之它们身上自带的危险属性，让生活在秦岭周边的人们忧心忡忡。

秦岭是个神奇的地方，历经沧海桑田，为很多古老物种提供了天然庇护所，希望它们能在秦岭的庇护下一直繁衍生息，也希望秦岭能够在人类的保护下续写更多传奇的生命篇章。

（文：**孙路阳**）

Buceros bicornis

双角犀鸟

—— 绿林深处有巨鸟，犀冠黄喙黑白羽，展翅腾空群鸟飞，惊蛰虫醒洞中藏。

我国境内分布最大的犀鸟科鸟类双角犀鸟（*Buceros bicornis*）属于犀鸟目－犀鸟科－犀鸟属，主要栖息于我国的西南和华南地区海拔 1500 米以下的低山和山脚平原，以及常绿阔叶林间，尤其喜欢栖息于湍急溪流的林中沟谷中。它们全身黑白相间，鸟喙和向前凹陷的盔突为黄色，此外，头、胸部的白色羽毛也会沾染黄色。成年体长可达 1～1.3 米，属大型鸟类。在我国，双角犀鸟分布在云南、广西和西藏东南部的低海拔常绿林中，数量稀少，属于罕见鸟类。

双角犀鸟 / 摄影 郑山河

双角犀鸟 / 摄影 魏骏

▬ 犀鸟家族：南方绿林中的"庞然大物"

犀鸟科鸟类的头顶大多有巨大的盔突，像极了犀牛的犄角，这也是"犀鸟"名字的由来。

双角犀鸟头顶上的盔突前缘中部略微向下凹陷，导致其两端自然而然形成了两个角状的结构，远看像古代战士的头盔，近看威武霸气，因此得名"双角犀鸟"。

对比我国分布的其他犀鸟科鸟类，它们大多拥有巨大宽厚的鸟喙，但头顶巨大的盔突并非每种犀鸟的标配。截至 2022 年我国分布有 5 种犀鸟（全世界共 57 种犀鸟），这当中除了体形最大的双角犀鸟之外，还有体形相对较小的冠斑犀鸟和白喉犀鸟，以及盔突极小但喉囊结构明显的棕颈犀鸟和花冠皱盔犀鸟。这 5 种犀鸟中即使是体形较小者体长也可达到 75 厘米，与其他鸟类相比，犀鸟无疑是庞然大物。

一 雄鸟眼暗红，雌鸟眼皓洁，双鸟比翼行，安能辨我是雌雄

犀鸟大多雌雄相似，但在很多局部的特征上也显现出了明显的性二型，我们也可以根据这些小范围的身体差异来区分雌雄个体。

白喉犀鸟和棕颈犀鸟的雄鸟身上就有明显的"白喉"和"棕颈"特征，但在它们对应的雌鸟身上却看不出这些典型特征。

其实很好理解，就像国内最常见的一种野鸭——绿头鸭一样，这个名字就是因为雄鸟头部在阳光下散发出明亮的绿色光泽而得名，而雌鸟却因全身布满棕褐色的斑驳纹路，显得较为隐蔽而被人们忽略。而双角犀鸟雌雄间的差异很小，唯独雄鸟眼睛的虹膜是红色，而雌鸟的虹膜明显偏白。由此可见，对于人类而言眼睛是心灵的窗口，但对双角犀鸟而言，眼睛是人们分辨其性别的重要依据。

双角犀鸟 / 摄影 何海燕

看中国：动物"野"有趣

276

一 洞里洞外，别有洞天

犀鸟的独特之处当属它们的繁殖习性。犀鸟大多是"一夫一妻制"，每当繁殖季节来临，它们会在森林中高大树木的树洞中孵育下一代。

当雌鸟抱卵后，"夫妻"俩会先寻觅一处天然树洞，雌鸟进入树洞内，雄鸟在树洞外合力用唾液、泥土、水果、粪便和树皮混合在一起将树洞封闭，只留一个投食的小口。雌鸟在树洞内安心地"闭关孵卵"，即使雏鸟孵出之后也要在树洞中待上一段时间，直到身上羽毛丰盈，能够起飞时，雌鸟才会啄破洞口，为自己解除禁闭。自雌鸟进洞起，在树洞外雄鸟就要每日不辞辛苦地负责为"妻子"和"孩子"觅食、喂食，以及站岗守卫。

双角犀鸟 / 摄影 郑山河

双角犀鸟 / 摄影 斯塔凡·威斯特兰德

278

━ "荤素搭配，营养均衡"的鸟界"营养师"

平日里双角犀鸟的食物多以植物的果实为主。它们尤其爱吃浆果，但当繁殖季节来临，为了给树洞内外的亲鸟同时补充营养、体力，它们也会吃昆虫或小型的两栖爬行类动物补充蛋白质，例如，青蛙、蜥蜴等，这些都在双角犀鸟的"荤菜"清单中。

看来双角犀鸟还很懂得养成"荤素搭配，营养均衡"的健康饮食习惯，简直就是鸟界的"营养师"。

双角犀鸟／摄影 **陈建伟**

双角犀鸟 / 摄影 郑彬

**生存与
保护 !**

纵使体形超大，却仍珍稀罕见

由于栖息地的丧失，特别是适宜营巢、具有
天然树洞的大树的减少，双角犀鸟从一些栖息地
中消失。2021 年《国家重点保护野生动物名录》
将我国分布的所有犀鸟都提升为国家一级保护野
生动物，这也说明了它们的生存威胁并未解除。

（文：孙路阳）

281

Hydrophasianus chirurgus

水雉

——凌波微步碧波上，出水芙蓉脱俗尘，霓裳浮叶水中仙，顾步生盼目不移。

水雉（*Hydrophasianus chirurgus*）是鸻形目－水雉科－水雉属的美丽鸟种，于2021年2月1日新增为国家二级保护野生动物。其广泛分布于我国华南、华中、西南、华北、华东等地区，包括海南和台湾两省，是地方性常见夏候鸟和旅鸟，偶有越冬个体出现在南方。该鸟种体态轻盈，繁殖羽颜色金灿靓丽，纤长的尾羽在其跳跃短距飞起时飘然若仙，但该鸟种却不常见于空中，反而栖息于各类水生植物上。其独特形状的"大脚"使其常涉足于挺水、浮水植物上，因此它们常常小群活动于淡水池塘、沼泽、湖泊、水库或稻田中，平日里以昆虫、软体动物和水生植物为食。

水雉 / 摄影 **冯江**

━ 从"不足为奇"到"大呼惊奇"，春日里的金色"变装秀"

"参差荇菜，左右流之。窈窕淑女，寤寐求之。"《关雎》里的著名诗句好似为水雉量身打造，因为水雉窈窕婀娜的模样，就像诗句中的"窈窕淑女"一样，让人一见倾心，目不转睛地向其凝望。

水雉惊为天人的美丽被它平凡无奇的中文名"耽误"了，就像大多数人会以貌取人一样。对于不熟悉的事物，人们通常以"第一印象"先入为主地作出判断。当我们不知道水雉的样子时，仅凭名字，好像觉得它的确没什么亮点，顶多是水里栖息的一种雉鸡，这种印象等同于"不足为奇"。可水雉非但不普通，而且还让人大呼惊奇。在非繁殖季节，水雉略微收敛起它惊人的美貌，这个时期水雉的脸颊、胸部、腹部呈白色，翅和背呈浅褐色，但它皎洁的

面部从喙基部延伸出一条黑褐色的贯眼纹，沿脖颈垂直而下至胸部，就像戴了一条深色的项链。然而等到繁殖季节，水雉便开始了怒放，深色的贯眼纹褪去，转而露出整个洁白的头部和前颈，后颈的金黄色在阳光下闪烁着金子般的光芒，璀璨夺目，而黑色的枕部向两边对称延伸出一条黑线，将前颈的洁白和后颈的金黄色分开，深黑色的腰腹也与非繁殖期间截然不同。

此外，水雉在繁殖期间会长出一条纤长的尾羽，这一招金色招摇的"变装秀"让人不禁大呼惊奇。水雉雄鸟则以这一身光鲜亮丽的最佳状态站立在水面浮叶上，好像也沉浸在自身的美貌中一般，摇首弄姿地等待"爱情"的到来。

水雉／摄影 张爱娟

● "女儿国"里的"女王"

水雉不同于其他"一夫多妻制"和"一夫一妻制"的鸟类，它们属于极特殊的一雌多雄制。

雌性水雉在繁殖季节拥有"女王"般的交配权，一只雌鸟可以拥有一个及以上的雄性配偶。

这样的主导地位更体现在雌雄之间的体格差异上，虽然在繁殖季节期间雌雄外貌相似，但雌鸟的体重远超雄鸟。

　　繁殖季期间，雌鸟会挑选心仪的一片浮叶，静候雄鸟的来访，主动上门的雄鸟会使出浑身解数，向雌鸟展示自己的俊美并发出求偶鸣叫来获取"女王"的芳心。若"女王"接受雄鸟便会与其交配产卵，若不接受便将雄鸟直接赶走。等到雌鸟产卵后，它便会抓紧当下的繁殖季节再次接受其他雄鸟继续繁衍后代，留下水雉爸爸独自孵卵、护卵、移卵、育雏、带娃……虽然雄鸟逃不过被雌鸟"移情别恋"的宿命，但绝对堪称是鸟界的"模范父亲"。

水雉 / 摄影 **姜奇松**

一 水面上的"多脚怪"竟是个"超级奶爸"

水雉除了惊为天人的美丽外表，还有一个极为特殊的身体结构——一对超细长的脚，看似和其优雅的姿态不太搭调，但却是它们轻功水上踩的利器。

这双超出正常范围的"大长脚"明显不是为了抓握而演化，而是为了稳稳地游走于各类浮水植物上。细长的"大脚"能够有效地分散身体重量。平日里水雉尤其喜欢芡实田和菱角类的水生植物。

　　然而这也造就了不容错过的有趣画面。在繁殖季节，当雌鸟产下卵后，雄鸟便会独自含辛茹苦地照顾孩子们。当水雉宝宝孵出后，水雉爸爸将带其觅食，教会孩子们生存技能，在遇到危险时还会及时保护孩子。当危险来临时，水雉爸爸便发出警戒的鸣叫，招呼孩子们聚集到它身边，然后用自己的臂膀将孩子们夹起，护进自己的翅膀中，将孩子们转移到安全地带。这时水雉宝宝的"大长脚"全部叮铃咣当地在外面摇晃，远看就像是一个多只大脚的"怪物"般有趣和新奇，这也将水雉爸爸对孩子们的爱护体现得淋漓尽致。

水雉 / 摄影 刘晶敏

水雉／摄影 郭红

一切都是为了更好地活下去

很多人对水雉一雌多雄的繁殖模式和超长的大脚感到迷惑，为什么它们在鸻形目鸟类中这么特立独行。其实这一切都是为了生存，水雉的繁殖成功率不高，在自然界中它们要面临很多危险，包括恶化的环境还有天敌来犯。水雉的育雏成功率约为50%，而雏鸟的成活率约为60%，也就是说如果雌鸟孵化出10枚鸟卵，最后成功长大的大约只有3只。这么看来，一雌多雄的繁殖策略的确可以确保在同一个繁殖季内充分利用有限的时间来繁育更多的后代。这是一种在严苛环境中生存的策略。除此之外，它们面临的最大威胁是栖息地的减少。众所周知，水雉非常依赖水源地中的大面积浮水植物。如果栖息地遭到破坏，那么水雉也会因浮水植物的锐减而受到影响。

（文：孙路阳）

Grus virgo

蓑羽鹤

蓑羽鹤（*Grus virgo*）是鹤形目－鹤科－鹤属的中小型涉禽，是国家二级保护野生动物，其全球分布范围从古北界可延伸到中亚地区，在北非几乎绝迹。它们在我国分布非常广泛，主要繁殖于黑龙江、吉林、内蒙古、宁夏和新疆等地，在西藏南部越冬，途经河北省。平日里它们喜欢栖息于湖泊、草甸和沼泽区域的开阔草地，偶尔也会去人类活动的农田徘徊。国外的蓑羽鹤种群繁殖于欧洲、中亚和贝加尔湖西部，我国的蓑羽鹤越冬于缅甸、印度、北非，偶尔见于日本。

蓑羽鹤 / 摄影 顾晓军

头戴小耳环，身披黑围巾

蓑羽鹤是所有鹤科鸟类当中体形最小的，仅有1米高，体态纤瘦。眼后有一撮洁白的耳羽延长成束，就像戴了一串时髦的白色挂耳式耳环，美丽非凡。其通体呈蓝灰色；头、颈延伸至胸部呈乌黑色，羽毛顺着脖颈向下垂顺于胸前成蓑状，就像戴了件厚实温暖的黑色长围巾。茫茫草原，冷风呼啸，在北风吹拂下的蓑羽鹤周身羽衣随风飘摇，但狂风中的它们仍旧身姿轻盈，一身傲骨在身，尤为震慑人心。

蓑羽鹤 / 摄影 展辉

蓑羽鹤 / 摄影 谢建国

蓑羽鹤 / 摄影 谢建国

▬ 在恶劣环境中迸发生存智慧

　　每年 4 月，蓑羽鹤就会来到繁殖地集群或成对活动，为营巢繁育后代做准备。它们大多是"一夫一妻制"，双方都会参与后代的繁育。平日里的它们彼此之间各过各的小日子，当遇到突发危险时，鹤群便会立即开启紧急"抱团"模式，联合起来进行集体防御。在大多数栖息环境中，它们面对的天敌主要有赤狐、狼、猛禽甚至渡鸦这样的大型鸦科鸟类，有时一些大型的雁鸭类也是蓑羽鹤需要提防的对象。或许是因为蓑羽鹤体形娇小，它们在面对危险时更有急中生智、团结一心的智慧。

蓑羽鹤 / 摄影 王之人

▬ 娇弱身躯不畏寒，直冲云霄翻险峰

喜马拉雅山脉是世界上海拔最高的山脉，作为天然界山划分了东亚大陆与南亚大陆，同时也是我国同巴基斯坦、尼泊尔、印度、不丹等国的天然国界，其平均高度为 6000 米。其中，最高的山峰是珠穆朗玛峰，截至 2021 年的最新数据，最高峰是 8848.86 米，每年 5 ~ 10 月的平均温度在 −26℃左右，可见气候条件极其恶劣。然而这座极其寒冷的山脉和险象环生的顶峰是在我国境内新疆北部繁殖的蓑羽鹤种群飞往南亚越冬的必经之路。它们当中靠近印度的种群选择绕过喜马拉雅山脉，而东部的种群直接穿越喜马拉雅山脉到印度塔尔沙漠过冬。这个世界最高海拔的山脉就是它们到南亚越冬的必经迁徙路线。

▬ 越冬路上的"九九八十一难"

蓑羽鹤让人惊叹的是它与生俱来的勇气和面对艰难险阻的毅力，它一生的高光时刻不只在飞越喜马拉雅山脉的时刻。选择直接穿越喜马拉雅山脉的这部分蓑羽鹤在飞越世界屋脊之前，还要经历种种磨难与挑战。

例如，穿越约 500 千米的新疆塔克拉玛干沙漠。是的，就是它——中国最大的沙漠，被人们称为"生命的禁区"。然而，鹤群们利用传统的"一"字型和"V"字型队伍，外加年轻力壮的个体在前带路，在鹤群中以偕老带幼的方式穿越过这片广阔无人的沙漠后，还会在靠近喜马拉雅山脉时遭遇大型猛禽的偷袭。在历经重重艰险之后，大约有四分之一的蓑羽鹤会把生命永远留在喜马拉雅山下，其余成员最终飞到南方。

生存与保护 ①

让蓑羽鹤如约而至

　　一路南迁越冬的蓑羽鹤，不仅要忍受天寒地冻的极寒气候，还要躲避天敌的紧追猛赶，为的就是让生命生生不息。它们用娇小的身躯飞越最高的山峰，大自然带给它们的磨难是其命中注定的考验，然而人类带给它们的伤害却是意料之外的负担，人为偷猎盗猎、环境污染等都给蓑羽鹤带来极大的生存压力。一直以来，蓑羽鹤都是国家二级保护野生动物，它们在我国的种群数量并不多，属于罕见的珍稀鸟类。

（文：孙路阳）

Urocissa caerulea

台湾蓝鹊

——朱喙赤足跃枝头，黑顶蓝腹翩然起。
一湾海峡隔两岸，漂洋过海终相见。

台湾蓝鹊（*Urocissa caerulea*）属于雀形目－鸦科－蓝鹊属的中国特有物种，仅分布在我国台湾地区，被列入《有重要生态、科学、社会价值的陆生野生动物名录》。该物种属于中大型鸦科鸟类，在尾部拖曳的长尾羽的加持下，其体长可达 68 厘米，其中仅尾羽就占约 40 厘米，在起飞时这条长尾就像明艳少女的蓝色裙摆，因此当地人称其为"长尾山娘"，平日栖息于海拔 300～1200 米的有林山地，冬季时常迁徙到海拔较低的环境中。

台湾蓝鹊 / 供图 视觉中国

一 "蓝精灵"也暴怒

台湾蓝鹊可以说是鸦科鸟类中的"颜值担当"，除了鲜艳的颜色和纤长的尾羽之外，它们与乌鸦在形态上相差无几。其实台湾蓝鹊与乌鸦本是近亲，它们同属鸦科鸟类下的蓝鹊属和鸦属，可以理解为是同父异母的"兄弟"关系，且台湾蓝鹊在很多行为习性上的确和乌鸦有着相似的部分。

台湾蓝鹊在平日里是出了名的"暴脾气"，尤其在繁殖期间，它们会更加团结一致，凶猛对外。

除此之外，它们也有像乌鸦一样极具"人情味"的温柔一面。在哺育雏鸟期间，还未离群的哥哥姐姐们会帮助亲鸟一起喂养和照顾弟弟妹妹，这种亲密的家庭纽带关系在鸦属的鸟类中常有。除此之外，台湾蓝鹊的厉害也体现在它们可以反杀蛇、蜈蚣等鸟类天敌，这种敢于向危险发起挑战的大无畏精神，在雀形目鸟类中并不常见。

台湾蓝鹊 / 摄影 王艳秋

305

一 海峡两岸的"礼物"

台湾蓝鹊因其靓丽的外貌深受人们的喜爱，而其特殊的地理分布也让它成为海峡两岸的"首选之礼"。

2015 年 11 月 7 日，中共中央总书记、国家主席习近平同台湾方面领导人马英九在新加坡会面时，马英九以"台湾蓝鹊"手工瓷器作伴手礼。瓷器的造型就是台湾地区特有的鸟类——台湾蓝鹊。这件瓷器栩栩如生地刻画了一只停落于树梢上正回头张嘴鸣叫的台湾蓝鹊，这一形象好似在呼唤远处的同伴，又神似在呼唤雏鸟的亲鸟。这件瓷器看似轻巧，但礼轻情意重，别小看一只台湾蓝鹊，其实饱含了海峡两岸共同的心声与呼唤。

很多人不知道，其实在台湾地区还分布着另一种蓝鹊属的鸟类——红嘴蓝鹊（ *Urocissa erythrorhyncha* ）。

红嘴蓝鹊除了在台湾地区有分布之外，还广泛分布于华北、西南、华中、华南，在东北区的南端也有分布，由此可见红嘴蓝鹊是大半个中国范围内的常见鸟类。

但我们再来看台湾蓝鹊，或许是受岛屿地形的限制，该物种只分布于台湾地区，在大陆地区长时间没有种群分布记录。

台湾蓝鹊 / 摄影 王艳秋

一 亲密无间的"蓝"朋友们

包含台湾蓝鹊在内的鸦科－蓝鹊属鸟类总共有 5 种，除了在斯里兰卡分布的一种当地特有的鸟类——斯里兰卡蓝鹊（*Urocissa ornata*）外，其余 4 种在中国均有分布，它们分别是台湾蓝鹊、红嘴蓝鹊、黄嘴蓝鹊（*Urocissa flavirostris*）和白翅蓝鹊（*Urocissa xanthomelana*）。这 4 种蓝鹊同属鸦科－蓝鹊属，亲缘关系较为亲近，从外观上也能看出彼此之间的"亲密"关系。除了白翅蓝鹊是黑白配色，外加橙色的喙以外，其余的蓝鹊都是蓝色系，而引人注目的就是它们的尾羽端黑白相间且有两枚延长拖曳的中央尾羽。其中我国宝岛台湾所特有的台湾蓝鹊是蓝色最为浓郁的种类，区别特征是黑头腹蓝，朱喙赤足，眼眸是浅黄色的虹膜，极具辨识度。而两岸均广泛分布的红嘴蓝鹊，与台湾蓝鹊的区别是白头白腹，且眼睛的虹膜是明显的红色。乍一看，这两种蓝鹊的确像"亲兄弟"一样。而另一种黄嘴蓝鹊与前两种的区别就更加明显了，它在红嘴蓝鹊的基础上喙和脚的颜色呈黄色，且枕部白色不延伸至头顶。

台湾蓝鹊 / 供图 视觉中国

漂洋过海来看你

台湾蓝鹊栖息于低山地带的树林中，但因台湾地区低山地带的开拓，该鸟类已在西部低海拔过度砍伐地区逐渐减少，其原始活动范围较现在也有所缩减，但在海拔稍高区域仍是地区性常见鸟类。

（文：孙路阳）

台湾蓝鹊 / 摄影 王艳秋

Aegypius monachus

Gyps himalayensis

秃鹫　高山兀鹫

——食骨啖肉兀鹫净扫高原，羽丰体壮秃鹫难正美名。

　　脱发，从古至今都是一件令人头疼的事，如果因为秃还被人起了绰号，那简直更糟心。但如果本来没那么秃，却硬被人说秃，而真正更秃的反倒被人赞美威武，不知道事主又该作何感想。

　　这对欢喜冤家就是分属于鹰形目－鹰科－秃鹫属和兀鹫属的大型猛禽秃鹫（*Aegypius monachus*）和高山兀鹫（*Gyps himalayensis*）。在我国，比较常见的有 5 种鹫类猛禽，其中以秃鹫的分布范围最广，从新疆西部的喀什、天山到东北地区的边陲都能发现它们的踪影；而高山兀鹫的分布范围就小得多了，仅在青藏高原及其邻近的高海拔山系中，它们学名中"himalayensis"一词便是喜马拉雅山脉的意思。

高山兀鹫 / 摄影　谢建国

一 谁才是秃鹫？

我们先来看这两张图，你能分辨出谁是秃鹫、谁是高山兀鹫吗？如果你说头上毛少的是秃鹫，那你就错了。实际上，毛多的那个才是秃鹫。

乍一看，高山兀鹫和秃鹫似乎长得差不多。但看细节就会发现，这两种鸟还是有很大不同的。例如，秃鹫虽然名字里有秃，但它们的头上其实有一些短短的毛，脖子上的羽毛

秃鹫／摄影 谢建国

就更多了。而高山兀鹫从头到脖子都只有细小的绒毛，远看更像是秃子。悄悄说一下，秃鹫学名 *Aegypius monachus* 中的"monachus"就是"僧侣"的意思。又如，从体形上看，秃鹫要比高山兀鹫大一点，所以战斗力也强于高山兀鹫。可偏偏人们看到高山兀鹫时会惊呼："哇！好大的家伙！"高山兀鹫学名 *Gyps himalayensis* 中的"gyps"就是来自一种传说中的有翼神兽——"狮鹫"。

高山兀鹫 / 摄影 谢建国

315

▬ 专业"清洁工"

因为有食腐的习性，秃鹫、高山兀鹫又被称为大自然的"清洁工"。

秃鹫和高山兀鹫偏爱吃腐肉，是因为它们的战斗力实在不行。秃鹫和高山兀鹫虽然体形大、爪子尖，但要让它们捕猎一头鹿、一头牛还是相当困难的。即使是面对动物尸体，如果有其他猎手存在，如棕熊，它们也打不过。所以无奈之下，它们就只能吃其他动物剩下的或者看不上的腐肉了。

正是为了与食腐的生活相适应，秃鹫和高山兀鹫演化出了光秃秃的头部或颈部。严格来讲，它们的头并不秃，只是没有大的、成片的羽毛，这方便它们把头伸入动物尸体中而不粘连血肉。此外，它们那巨大的喙也方便它们把腐肉撕下来。不仅如此，秃鹫和高山兀鹫胃内酸性很高，可以消化腐肉而不被细菌和病毒感染。

正因为有了它们，动物尸体才能很快降解，我们的大自然才不会变成一个庞大的垃圾场。

高山兀鹫 / 摄影 刘庆顺

秃鹫 / 摄影 谢建国

"鹫鹫"清洁工

在最新发布的《国家重点保护野生动物名录》中，秃鹫和高山兀鹫都"榜上有名"。其中，分布较广的秃鹫被列为国家一级保护野生动物，分布范围较小的高山兀鹫被列为国家二级保护野生动物。这是因为高山兀鹫是藏民心中的"神鸟"，所以藏民会有意识地保护它们；而秃鹫因为分布范围广，反而更容易受到各种外界因素影响，导致生存风险。

秃鹫和高山兀鹫原本是对生态环境有益的鸟，但目前我们对它们缺少更深入的研究和更有针对性的保护，希望这些"清洁工"能再给我们一些机会，让我们来得及更好地呵护它们。

（文：单少杰）

高山兀鹫 / 摄影 杰德·威恩嘉顿

Otocolobus manul

兔狲

——憨态可掬萌猫走红网络，冷面无情兔狲制霸荒原。

圆圆的脸庞，严肃的表情。如果你经常上网，一定对兔狲（*Otocolobus manul*）的表情包不陌生。兔狲是兔子的亲戚吗？生活中的它到底是什么样的呢？

兔狲 / 摄影 斯塔凡·威斯特兰德

兔狲 / 摄影 谢建国

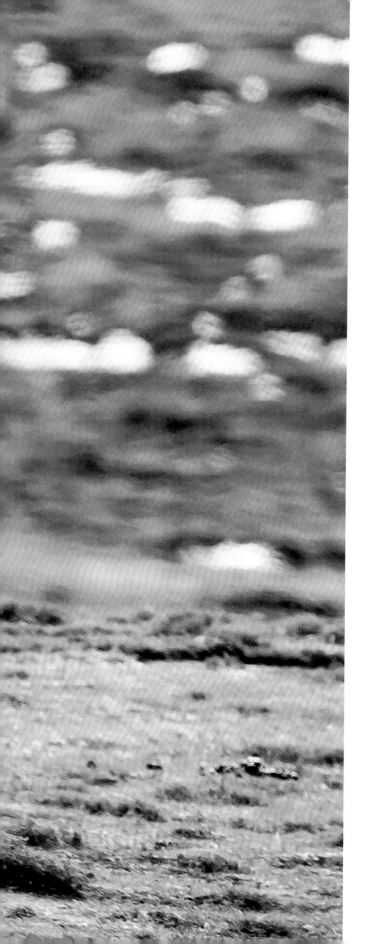

一 何为"兔狲"？

兔狲这个名字，对于大部分人而言可能有些陌生，特别是"狲"字。在分类学上，兔狲属于食肉目－猫科－兔狲属，跟老虎算是亲戚。而对于它们名字的由来解释有很多，比较可信的是跟猞猁有关。

兔狲和猞猁十分相似。它们不但长得像，生活区域也有重叠。在我国，兔狲主要生活在河北、内蒙古、黑龙江、四川、西藏、青海和新疆等地，猞猁主要分布在青海、西藏、甘肃、内蒙古、河北、黑龙江、吉林等地。所以，同时看见这两种动物并不是什么难事。

猞猁体形较大，所以古人称其为"猞猁狲"。兔狲体形较小，所以古人称其为"兔儿狲"，"兔儿"是"小个头"的意思。例如，乾隆元年四月初一的《川陕总督查郎阿等为准部贡使额尔沁由京回肃贸易等事奏折》中记载道：兔儿狲二张，每张价银五钱，共该银一两。后来为规范生物命名，我国的生物学家们也就采用了这个名字，但省掉了中间的"儿"字。兔儿狲也就变成了兔狲。

一 敏捷的"胖子"

猫科动物的一个特点就是动作敏捷，兔狲虽然看着胖，其实只是虚胖。

因为生活在非常寒冷的地方，兔狲拥有猫科动物中最厚的皮毛，但皮毛之下的身体还是很"精干"。一只成年的兔狲只有 3 千克左右，最重不超过 5 千克，跟家猫差不多重。所以在敏捷度上它完全不输它的亲戚（虎、豹等其他猫科动物）。

兔狲的猎物主要是小型兔类和啮齿类动物，特别是一种叫作鼠兔的小动物。捕食时，兔狲会瞪大眼睛，盯着可口的猎物，仔细评估着它与猎物的距离及捕猎路线。如果仔细看还会发现兔狲的瞳孔不是细长的线形，而是圆形，因为它们大部分是在晨昏时捕猎。圆形的瞳孔既能保证看清周围环境，又尽可能地减少阳光的伤害。在发现猎物后，它们会尽可能压低身体，而不是像别的猫一样扑上去。这是由于它们长期生活在布满岩石的高山草甸、荒漠草原，跳跃并不是它们捕食的首选方式。兔狲的灰色皮毛可以较好地与周边的岩石环境融为一体，如果它们静止不动或者悄悄前进，猎物往往很难发现它们。直到与猎物足够近了，它们才会一扑而上，抓住猎物。

兔狲 / 摄影 谢建国

兔狲 / 摄影 杰德 · 威恩嘉顿

生存与保护 ❗

无危之下的危险

　　2019 年春天，兔狲在《世界自然保护联盟受威胁物种红色名录》中由"近危"降为"无危"，但科学家们也无法确定世界上还有多少只兔狲，因为我们对兔狲的了解太少了。

　　目前，我们对其分布范围的了解大多是通过红外相机观测或者标本采集，而其种族具体的数字并不清楚。根据现有的研究结果，栖息地碎片化、人兽接触等情况都正在严重地威胁着兔狲的生存。虽然它们在《国家重点保护野生动物名录》里，但对其更专业、更有针对性的保护措施还远未到位。

（文：**单少杰**）

兔狲 / 摄影　**谢建国**

Ailurus fulgens

小熊猫

小熊猫（*Ailurus fulgens*）和大熊猫都叫熊猫，却是完全不同的动物。小熊猫是食肉目－小熊猫科－小熊猫属动物，是我国的明星物种，其萌萌的外形和红褐色的毛色也赢得了"红熊猫"的美誉。小熊猫善于爬树，这是它们躲避敌害的技能。小熊猫的尾巴又粗又长，且有多道环纹，因此俗名"九节狼"。虽然小熊猫属于食肉目动物，但是它们和大熊猫一样，都以竹子为主要食物，且竹子在它们的食物组成中占比在 90% 以上，因此是高度特化的"素食性"食肉动物。

小熊猫是喜马拉雅－横断山脉的特产动物，仅分布于中国、尼泊尔、不丹、印度和缅甸。在中国分布于四川、云南和西藏南部，而四川是中国小熊猫分布最多的地区。

小熊猫栖息在 1400 ~ 3600 米的山地森林中，是一种喜温湿且耐寒的山地动物，喜欢选择在坡度较大、林木茂盛、邻近水源和竹子长势良好的山林中活动。

小熊猫 / 摄影　谢建国

小熊猫 / 摄影 谢建国

▬ 正统熊猫

大熊猫的英文是 Panda，但 Panda 最初是小熊猫的名称。小熊猫在 1825 年由法国动物学家弗列德利克·居维叶（Frédéric Cuvier）首次命名。

由于弗列德利克·居维叶认为小熊猫长得像猫，因此小熊猫的拉丁学名为 *Ailurus fulgens*。前一个词为属名，来自古希腊语的"猫"，而后一个词为种加词，来自拉丁语的"鲜艳的、亮丽的"。

弗列德利克·居维叶为小熊猫取的英文名为 Panda，而大熊猫的科学命名是在 1870 年，比小熊猫晚了整整 45 年。由于大熊猫和小熊猫在某些方面比较相似，因此大熊猫的英文名为 Giant panda 或 Panda，而小熊猫则被改为 Lesser panda 或 Red panda。随着大熊猫的日渐走红，"熊猫"的名称也随之深入人心。由此，人们把小熊猫"熊猫"的美名给了大熊猫。

小熊猫 / 摄影 何晓安

小熊猫 / 摄影 谢建国

小熊猫 / 摄影 谢建国

━ "伪拇指"

小熊猫和大熊猫在长期的演化过程中，曾经遇到过相似的环境变化问题，为了适应这种改变，它们最终都选择了以竹子为主要食物，并不约而同地演化出了"伪拇指"。

这个特化的掌骨突起形成的"第六指"具有和拇指一样的对握功能，便于抓握竹子和竹笋。这种对于不同的生物在相同的生存环境压力中，巧合般地演化出具有相同或相似功能的形态结构，称为"趋同演化"。

小熊猫的"第六指"除了便于抓握之外，还能够帮助其攀爬树木。一项来自法国和西班牙的研究表明，在西班牙出土的古小熊猫化石中就存在"第六指"。在古小熊猫生存的众多猛兽出没的年代，适合攀爬的身躯和"第六指"的演化有效地帮助了小熊猫祖先安身立命。

━ "举手投降"

小熊猫四肢和腹部为黑色，这种颜色非常有利于它们在树栖时隐藏。从地面向上看，这种黑色与树叶遮挡阳光的色调类似，从而不易被低处的天敌发现。

非常有趣的是，在地面活动的小熊猫在受到惊吓时，会直立身体张开双臂，露出黑色的腹部。其实，这并不是"举手投降"，而是一种防御行为，这种姿势可以让自己看起来更大，并且露出的黑色腹部也可能会吓退对方。所以，不要吓唬小熊猫，否则我们就可能见到"腹黑"的小熊猫了。

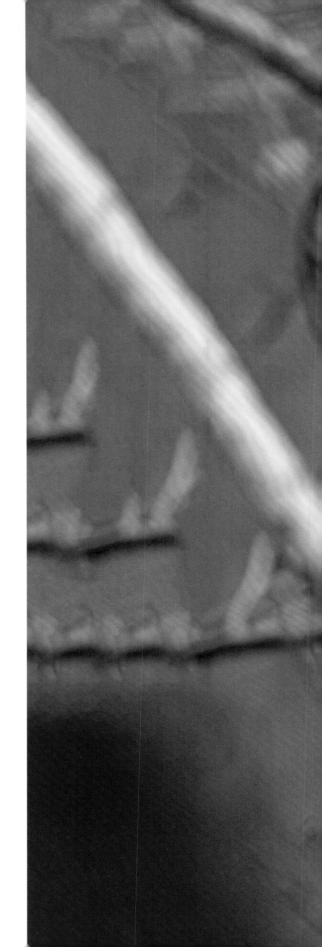

━ 白脸小熊猫和红脸小熊猫

在国内的很多动物园中，小熊猫多是"红脸"，因为它们大概率来自四川。然而，南亚和东南亚的某些动物园里的小熊猫是"白脸"，这是因为这些动物园的小熊猫来自于喜马拉雅山脉南麓。

研究发现，分布在喜马拉雅山脉南麓的小熊猫和分布在我国四川、云南的小熊猫具有明显的形态差异。

基于这种形态差异，两个地区的小熊猫被分为两个亚种，近年来又被科学家划分成了两个独立的物种——中华小熊猫（*Ailurus styani*）和喜马拉雅小熊猫（*Ailurus fulgens*）。中华小熊猫面部呈棕红色，也就是"红脸小熊猫"，而喜马拉雅小熊猫面部呈棕白色，被戏称为"白脸小熊猫"。

小熊猫／摄影 谢建国

生存与保护❗

"我"不是大熊猫的幼崽，但也需要人类的保护

全球野生小熊猫的种群数量为 16000 ～ 20000 只。中国野生小熊猫的种群数量为 6000 ～ 7000 只，其中四川最多，有 3000 ～ 3400 只，云南有 1600 ～ 2000 只，西藏有 1400 ～ 1600 只。近几十年来，由于人类活动的干扰、森林过度砍伐、偷猎等原因，小熊猫的生存受到了栖息地减少和片断化的双重影响，其分布区不断向西部高山峡谷退缩，原有分布区山西、甘肃、青海和贵州已无小熊猫分布。

作为食肉目中仅有的两种特化的以竹类为生，且均演化出"伪拇指"的物种，大熊猫、小熊猫自发现之初便受到了广泛关注。大熊猫、小熊猫的亲缘关系较远，但两个物种在一系列形态特征上的相似都是趋同进化的结果，这反映了对竹子这类特殊食物的长期适应。大熊猫、小熊猫这两种极具特色的哺乳动物对于研究物种的独特演化具有重要的意义。

（文：孙忻）

小熊猫 / 摄影 丁彩霞

Panthera uncia

雪　豹

—— 雪域高原王者君临天下，爱屋及乌雪豹福泽万民。

雪豹（*Panthera uncia*）是食肉目 − 猫科 − 豹属的物种，是生活在严酷地域的猫科动物，超强的捕猎技术是它们征服大自然的本领。

雪豹，也是活跃在网上的超萌网红之一，毛茸茸的大尾巴是它们极具辨识度的招牌。

它们究竟是一种什么样的动物呢？

雪豹 / 摄影　林根火

一 天阶上的"大猫"

青藏高原原本是一片海洋，埋葬在这里的大量海洋动物化石就是无声的证明。但随着印度洋板块与亚欧大陆板块相撞，原本的沧海逐渐变为桑田，并进一步隆起为世界之巅——青藏高原。

约 463 万年前，雪豹的祖先与豹属的其他物种发生了分化。原始的雪豹在机缘巧合之下进入了尚在"成长"中的青藏高原地区。那时青藏高原虽尚不及今之巍峨，但也让很多大型猎手们望而却步。雪豹则凭借着过硬的素质在残酷的自然竞争中脱颖而出，成功统治了包括青藏高原在内的大片山地。从西藏、新疆、青海到四川、甘肃、云南，雪豹的分布范围远超人们的想象。

相比于其他的猫科动物，雪豹的毛色无疑是朴素的。土灰色或带黄的底色点缀着深灰色的斑块，它们似乎是直接把脚下的大地穿在了身上。没错，生活在雪线以上、植被不丰富地区的它们确实可以凭借着这身"外套"实现隐身。而那条长长的、毛茸茸的尾巴和同样毛茸茸的大爪子则为这位"冷酷硬汉"添加了一丝温柔，这也是它们成为人见人爱的明星大猫的原因。不过，只要它们一张嘴出声，温柔大猫的滤镜会瞬间破碎。因为它们的声带不够柔韧，再加上舌骨骨化，所以它们不能发出老虎那样的咆哮声，也不能像猫那样"喵喵"叫，而是只能发出一种类似烟嗓般的嘶吼声——那声音可真谈不上好听。

当然，温柔只是人们的一厢情愿，对于生活在青藏高原等地的动物而言，雪豹可绝不是一个皮球就能搞定的大猫，而是一个天生的顶级猎手。

雪豹 / 摄影 闹布战斗

雪豹 / 摄影 林根火

雪豹 / 摄影 谢建国

▬ 天生猎手与节约标兵

在自然界，雪豹的主要食物是山羊。生活在新疆的雪豹主要捕食北山羊，而生活在青藏高原的雪豹主要捕食岩羊——食性的差异主要是因为猎物的分布不同。除此之外，盘羊、旱獭、野兔甚至是一些家畜也都在这群猎手的食谱中。

不过，纵使是顶级猎手，雪豹的捕食过程也并非总是一帆风顺。岩羊——它们的猎物之一，平时以群体为单位生活。在这个群体中，对雪豹捕食造成最大干扰的并不是头羊，而是"哨兵"羊。

作为高度适应岩地环境的羊，岩羊在活动时极难捕捉，所以雪豹的最佳捕捉时机只能是羊群休息的时候。不过羊群也不傻，它们会选出两只羊站在高处充当"哨兵"，一旦发现异常便会立刻发出警报。雪豹要想捉到猎物，就必须要绕过"哨兵"的监视。这时候它们那身"迷彩服"就派上用场了。

雪豹 / 摄影 杰德·威恩嘉顿

　　当雪豹发现休息的羊群，会先在远处观察一下，确定"哨兵"的位置和捕猎路线，然后慢慢靠近。靠得越近，它们的姿势就越低，以方便自己能更好地与环境融为一体。而当它们足够近了，就会一跃而起，扑倒猎物。

　　当然，多数时候它们都会被"哨兵"羊发现，然后羊群在喧闹中一哄而散。但只要能捕捉到一只，它们就能休息好几天——与大多数人想的不一样，雪豹捕捉到猎物后并不是大快朵颐地一次撕食干净，而是非常珍惜食物。特别是带着孩子的雌性雪豹，更是会将食物带回去与孩子们吃上好几顿。

雪豹／摄影 彭建生

"王"的庇护

与其他的"大猫"一样，雪豹也过着"一山不容二虎，除非一公一母"的生活。每只雪豹都有自己的领地，只有在繁殖季节异性雪豹才会临时生活在一起，完成传宗接代的重任。当小雪豹们长大后，它们就不得不去寻找属于自己的领地，或是打败旧主人继承领地，或是自己开疆拓土占领新的领地。正因如此，雪豹的种群具有一定的扩散性，再加上它们生活在人类少有涉足的地区，这为人类统计它们的数量、保护它们的环境造成了不少困难。

原来雪豹受到的主要威胁是猎人的捕杀，但随着经济发展和全球变暖加剧，雪线上升、环境破坏对雪豹的影响也越来越大，人兽的密切接触也增加了雪豹被人类误伤的风险。不过好在人类及时对它们采取了多种保护措施，这让它们的种群数量还没有到灭绝的边缘，IUCN 也将其定为易危级（VU）物种。

此外，作为一个食物链的顶层物种，保护雪豹也在一定程度上保护了其他的物种——保护生物学将雪豹这种生存环境需求能够涵盖其他物种生存环境需求的物种称为"伞护种"（Umbrella Species）。因此对雪豹的保护，也在一定程度上保护了它们生存的整体环境。

（文：单少杰）

Elephas maximus

亚洲象

它是中国境内现存最大的陆生哺乳动物，它庞大的身躯兼具狂野与温柔，超群的记忆力使它拥有细腻的情感。它是——亚洲象（*Elephas maximus*）。

亚洲象有着庞大的身躯，这使得除了小象以外，成年象在野外几乎没有天敌。从分类学上讲，大象自成一目，属于长鼻目－象科－亚洲象属的物种，除了亚洲象之外，还有非洲草原象和非洲森林象。象是典型的群居动物，象群的主力成员是具有血缘关系的雌象，首领由一只年长的雌象担任。象群在女首领的带领下过着四处游荡的生活，小雄象一旦长到 15 岁就必须离开象群，它们偶尔也会回来看看，但不会久留。2020—2021 年，在我国云南西双版纳境内亚洲象北迁之事轰动全球，社会各界又一次把目光投向大象这一神奇的物种。

亚洲象 / 摄影 谢建国

亚洲象 / 摄影 谢建国

350

一 相"象"之处，不大相同

世界三种象之中，亚洲象是体形第二大的象，第一大的是非洲草原象，体形最小的则是处于极度濒危境况的非洲森林象。这三种象看似极为相像，但彼此之间却有着明显的差异。亚洲象与另外两种非洲象明显的区别就是其头顶上方有两个明显的突起状结构，和头顶圆滑平坦的非洲象比起来，亚洲象就像一个"超级大头娃娃"，再加上大象是极具智慧的动物，人们形象地将亚洲象头顶上的突起称为"智慧瘤"。

亚洲象雄象长有长长的象牙，雌象并非没有象牙，而是大多数亚洲象雌象的象牙不露出体表。亚洲象的耳朵面积也没有非洲象那样狂野，它们的耳朵更加小巧得体，头耳比例更加协调。大象的耳朵除了听声之外，更多的用途是帮助散热和表达情绪。

━ 象群是母系家族

　　不管是亚洲象还是非洲象，它们都是母系家族，族群大的首领由雌象担任，象群中的家族成员间维持着紧密且持久的关系。而雄象与家族的关系则是短暂的，成年后它们便会离开家族独自流浪，偶尔与其他雄象结伴而行。因此在一个象群当中，我们看到的成年象大多是雌象，它们彼此互为母女或姐妹，还有姥姥和小外孙女、小外孙。成年的雄象只有在繁殖期

亚洲象 / 摄影　谢建国

一 把象牙留给最需要的"它"

象牙仅仅只是大象身体的一部分，是它们生活互动的工具。人们看到的大象露出体表以外的、长长的象牙其实相当于人类的门齿，这对象牙可以帮助大象用于求偶、防御、挖掘水和食物，除此之外，象牙也是大象表达情绪的工具。当它们用象牙戳地面时，可能是向入侵者展示自身的能耐，就好像在说："看我多厉害！"

当一头大象在野外死亡之后，虽然尸体会随时间而腐烂，但象牙却能长久留存。这不单单是"遗物"这么简单，象牙上会留有大象自身的气味，这当中包含了它生前去过的地方、经常触碰的食物、戳过的土地等信息。象牙就像是一头大象存活于世的"记忆芯片"，而象牙上面的信息，人类读取不了，只有象的同类可以从中获取。遗憾的是，这样一场与同类的相逢却是一场永不再见的追悼会。

亚洲象 / 摄影 谢建国

亚洲象 / 摄影 武明录

■ 一念向北，一路"象"往

2020 年 3 月，一群来自西双版纳国家级自然保护区的亚洲象开始了它们一路向北的旅程。这是一群名为"短鼻家族"的野生亚洲象，它们一反常态开始探索一无所知的远方，很快象群就走出了传统栖息地范围，顿时引起了全世界的关注。

象群"短鼻家族"一路造访人类居住的村庄，品尝各种美味佳肴和农作物。向北迁徙的途中它们还迎来了新生小象，家族里的同伴对其呵护备至，并给予了全方位的保护。小象就像象群家族中的团宠，一路调皮玩耍，这段旅途对于整个象群家族来说，都充满了新奇和欢乐。

最终，在人类的帮助和保护下，"短鼻家族"于 2021 年 8 月 8 日从元江桥上通过，返回到传统栖息地，顺利回家。从此次亚洲象北上所经过的路径看，正是这条道路上的植物多样，森林成带成片，生态环境良好，才为象群迁移提供了安全的通道和停歇休息的舒适空间，也为亚洲象北迁提供了可能。

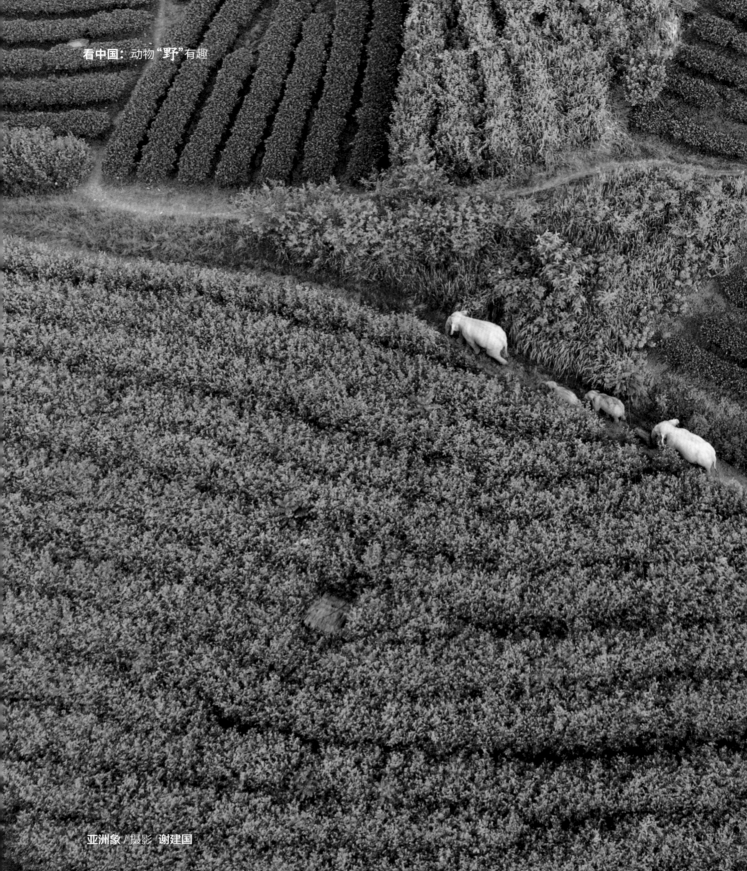

亚洲象 / 摄影 谢建国

**生存与
保护❶**

濒危的真"象"

　　日益增长的人口就像湍急的洪流迅速侵占了野生象的栖息地，迫使它们
的生存空间逐渐缩小。而人类社会所衍生出的商业开发、农业和水产养殖、
能源生产、公路及铁路的建设，都使大象的栖息地逐步丧失。这是一个无法
避免的、正在发生的残酷事实。如何缓解人象冲突，在保护大象的同时，改
善当地居民的生计，这是一项亟待解决的全球议题。根据 IUCN 的最新评估，
非洲森林象的数量在过去 31 年中下降了 86% 以上，现已是极度濒危物种；
非洲草原象的数量在过去 50 年中下降了至少 60%。而亚洲象的情况也不容
乐观，截至 2018 年，全世界亚洲象分布于 13 个国家，数量约为 5 万只。
而我国仅在云南有野生亚洲象分布，经由多方努力，我国境内的野生亚洲象
种群数量已增长至 300 只左右。

（文：**孙路阳**）

Falco subbuteo

燕隼 / 摄影 谢建国

燕隼 / 摄影 张小明

一 燕隼育雏记

5月末，燕隼夫妇利用乌鸦的旧巢在北京玉渊潭公园西岸灯塔上安家。

夫妇俩筑巢、捕食、交尾、驱乌鸦、赶喜鹊，忙得不亦乐乎。

灯塔高数十米，铁架遮挡，隼巢可望不可即，但还是从缝隙中能观察到3枚隼蛋！

眼见燕隼夫妇一天天忙碌，你来我往，铁架缝隙中隼妈开始卧巢孵卵。

日子一天天过去，灯塔上传出小隼稚嫩的叫声。燕隼夫妇更忙了，隼妈护巢，隼爸捕食。

天上时不时有乌鸦、喜鹊袭扰，甚至鸳鸯、乌鸫也到巢边看热闹。无论好心还是恶意，隼爸一概驱逐！

湖中水域食物充足，麻雀、乌鸫、燕子、蝙蝠、蜻蜓、知了通通成了燕隼的食物。

隼爸是出色的猎手，很少空手而归。

隼妈是娴熟的庖厨，清羽拔毛，撕碎猎物喂隼宝。隼宝一天天长大，铁架缝隙中毛茸茸的身影逐渐变成褐色带斑点羽毛的隼宝。

一只只隼宝时不时蹦跳到铁架边缘展动着羽翼不丰的翅膀，操着稚嫩的声音鸣叫，好像在说"我要飞"。

隼宝中的二宝胆最大，乳毛未脱，在飞翔的诱惑下，迫不及待从高塔上一跃而下，但力不从心，在空中扑腾一阵，跌落至水边柳枝上。

幸得好心人相救，补充食物第二天放归树上。

第三天，大宝在隼妈的带领下飞出隼巢，空中盘旋了好一阵，落到隼妈选中的槐树上。

三宝胆小，在巢中多待了几日。隼妈多次鼓励，未能如愿。索性，隼妈改变方法，弃老三在巢，每日照顾大宝、二宝。

三宝独自在巢练展翅，学起飞，停留一周左右，终于鼓足勇气独自飞了出来，飞得好高啊！看到三宝安然无恙，隼妈可以放心了。

飞离隼巢的燕隼一家先在离灯塔较近的槐树上落脚，一周后移至稍远处的老槐树枯枝上扎寨。这里枝高叶稀，视野开阔，燕隼一家终于有了第一张全家福。

此后，隼爸隼妈依然不辞辛劳地捕食，哺育幼隼，不同的是，它们会驱赶幼隼到塔上、树梢之间练习飞行，学习捕食。

夜幕降临，中央电视塔的灯影中，小燕隼终于捕捉到一只蝙蝠。

它们长大了，开始学着离开父母独自生活。

燕隼 / 摄影 关鹏

生存与
保护❶

不可或缺的燕隼

燕隼是国家二级保护野生动物，由于许多栖息地因砍伐等活动而受到破坏，导致燕隼栖息地越来越少。再加上非法狩猎更加造成燕隼数量锐减。

经过多年人们对野生动物的保护，生态环境的修复，燕隼的数量逐渐增多，燕隼也因此从濒危降为无危。如今，在喧哗城市的公园、郊外的田园，随处都能看到它们的身影。

很多人疑惑，燕隼种群既然是无危状态，为何还要重点保护？其实和燕隼在自然界生态链中的位置有关。它们作为自然界中顶级的掠食者之一，是很多鼠类和鸟类的天敌。它们可以控制一些鸟类、哺乳动物和爬行动物的数量，从而维持当地生态的平衡。同时它们捕食大量昆虫，可以减少这些生物对花草植被的严重破坏，间接维持着当地生态系统的稳定。因此，燕隼的作用在生态系统中不可或缺。

（文：谢建国）

Bos mutus

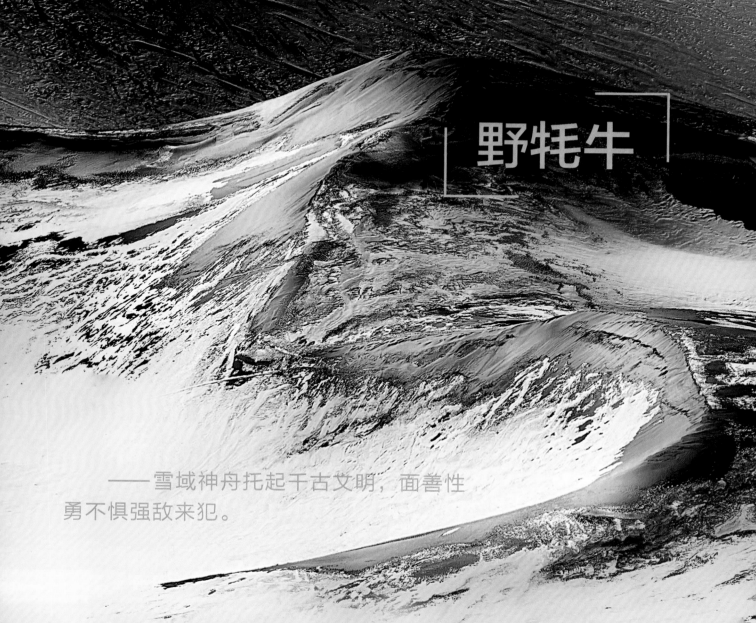

野牦牛

—— 雪域神舟托起千古文明，面善性
勇不惧强敌来犯。

有一种动物，在藏族文化中被视为星辰。人们往往称其为"高原之舟"，但它们其实更
适合被称作高原上的"战列舰"。它们就是野牦牛（*Bos mutus*）。

野牦牛属于鲸偶蹄目 – 牛科 – 野牛属，是青藏高原珍贵而特有的野生动物，也是我们熟
悉的家养牦牛祖先的后代。它们体形壮硕如同一座小山，雌雄都有尖角。而它们的性格，据
说异常暴躁，即使遇到吉普车挑衅也绝不后退，宁战不休。

野牦牛 / 摄影 何启金

野牦牛 / 摄影 杰德·威恩嘉顿

▬ 高原猛兽

　　提到野牦牛，可能大家想到的都是憨厚、老实、勤恳这样的形容词，但对于近距离接触过野牦牛的人来说，它们带给人的压迫感是相当强烈的。

　　按照体形结构、自然特征及分布范围等因素，我国的野牦牛主要可以分为居住在祁连山西部及阿尔金山脉东部地区的祁连山型和居住在长江上游、昆仑山和西藏北部的昆仑山型。其中，祁连山型野牦牛的身高约 1.7 米，约等于一个成年人的身高，体重在 500 ~ 600 千克；而昆仑山型野牦牛的身高能超过 2 米，几乎可以俯视人类，它们的体重更是能超过 1 吨。再配上那一对又尖又弯的角，如此一个庞然大兽站在面前，让人害怕。

　　不过，这种被野牦牛震慑的机会也许你还真的难以遇到。

一 咬人的"兔子"

要说野牦牛的胆量，用一句俗语来说就是"兔子急了也咬人"。

在自然界，虽然野牦牛体形壮硕，但其实它们并不喜欢主动惹事，甚至在面对危险时会主动躲避。野牦牛的嗅觉非常灵敏，这让它们可以很早就发现天敌——狼的存在，从而及时地逃跑或组成防御阵型。面对人类，它们也是用一样的策略，在你还站在很远的地方时，它们也许就已经发现了你的存在，并撒开蹄子跑了。野牦牛的奔跑速度能达到 40 千米 / 小时，当一群野牦牛跑起来时，那轰隆隆的声音绝对会让你以为地震来了。

不过，如果你挑衅野牦牛，例如，开车追逐，激怒了它们，那画面可就完全不一样了。当野牦牛感觉自己受到威胁并且难以退避时，便会转身正面迎敌。此时无论是汽车还是狼，它们都会硬刚上去，非将对方彻底打败不可。

除了"敢咬人"，这些被逼急了的"兔子"还"懂咬人"。面对单独的威胁，例如，汽车、独狼时，野牦牛一般是正面相对、主动出击。而面对一群敌人，例如，狼群时，成年野牦牛会共同组成一个防守圈把小牛护在中间，此时它们尖角对着敌人，只守不攻。这样的防守策略一般都很稳妥，但如果一旦有狼逮到了缝隙钻进了圈内，野牦牛群就容易方寸大乱，进而导致整个防守圈崩溃。

当然了，这些不喜欢挑事的野牦牛在进入了发情期就又是另一番模样了。

野牦牛 摄影 果洛·索南

野牦牛 / 摄影 谢建国

一 求爱大作战

野牦牛的繁殖期一般是在 9 月，在进入繁殖期后，雄性往往会为了争夺雌性大打出手。此时你将真正见识到这些高原巨兽的威力。它们互相冲顶，宛如山岩相撞，定要决出个胜负才肯罢休。

胜利者将拥有更多的交配权。野牦牛喜欢集群活动，每个群少则十余头，多的可超过百头。虽然在这个群里有成年雄性、成年雌性和未成年小牛，但首领永远都只有一个，也就是决斗的最终胜利者。

而对于失败者，也许是打输了实在没面子，一些老牛就会选择默默离开牛群，成为独牛。研究发现，当失败者变成独牛后，它们的脾气就会变得十分暴躁，非常难惹。不过也有的失败者会悄悄跟在牛群后面，伺机寻找交配的机会。

生存与
保护❶

飘摇的生命之舟

化石证据显示，早在一万多年前的冰河时期，野牦牛就已经凭借厚实的长毛、超强的身体素质生存在青藏高原之上。时光荏苒，它们熬走了铲齿象、披毛犀，成为高原真正的王者，也等来了新世界的改造者——人类。

自人类开始在青藏高原定居，人类活动对野牦牛的影响就不容小觑。例如，我们对土地的改造让它们失去了食物，还割裂了它们的栖息地，让它们失去了与其他地方野牦牛交流的机会；又如，偷盗猎降低了它们的数量。除了这些看得到的伤害，还有看不见的伤害正威胁着这些野牦牛，那就是家养牦牛的基因污染。

野牦牛 / 摄影 **李维东**

作为家养牦牛祖先的后代，野牦牛与家养牦牛不存在生殖隔离，畜牧区的扩张让家养牦牛与野牦牛接触的机会开始变多。一些雄性野牦牛经常会主动劫持家养雌性牦牛，并与之交配。这种交配行为让家养牦牛的基因开始向野牦牛种群扩散，污染了野牦牛的基因库。

为了保护这些高原上的巨兽，自 20 世纪 60 年代开始，我国就着手野牦牛的保护研究工作，除了反盗猎外，我国还建立了包括阿尔金山国家级自然保护区、青海可可西里国家级自然保护区、羌塘国家级自然保护区在内的多个保护区，用以保护野牦牛。目前，我国的野牦牛数量大约在 22000 只，并且还在缓步上升中。

（文：**单少杰**）

Camelus ferus

野骆驼

—— 双峰缠斗戈壁隐见驼影，长河落日沙舟何去何从。

一提到骆驼，可能我们第一时间就会想到两个隆起的驼峰，以及中间夹挂着的货物。其实在生活中我们见到的双峰驼基本都是家养的，而在荒芜的新疆罗布泊等地，还生活着另一种更稀有的拥有两个驼峰的骆驼——野骆驼。

野骆驼（*Camelus ferus*），属于鲸偶蹄目－骆驼科－骆驼属。曾经，人们猜测家养的双峰驼也许是由野骆驼驯化而来的，但通过对二者基因的比对研究，生物学家们发现家养双峰驼的祖先与野骆驼早在 80 万年前就已经分道扬镳。但随着环境变化，家养双峰驼的祖先不幸灭绝，而野骆驼则偏安一隅，在宛如禁区的荒漠生存至今。

野骆驼 / 摄影 齐险峰

■ 荒漠王者

目前，世界上大约有野骆驼千余头，它们中的大部分都生活于我国新疆的塔克拉玛干沙漠、罗布泊、哈密市，青海的柴达木盆地，内蒙古，甘肃的河西走廊西部阿克塞安南坝、酒泉市肃北县马鬃山公婆泉等海拔 2000 ~ 3000 米的干旱草原、山地荒漠半荒漠和干旱灌丛地带。这些地方气候干旱缺水，土壤沙化、盐渍化严重，植被种类少且疏。为了适应这里的环境，野骆驼配备了一身优质的"装备"。

第一，黄褐色的"外套"让它们可以与环境融为一体，从而更好地躲避狼等天敌。值得一提的是，野骆驼每年 5 ~ 6 月都要换毛，但换下的旧毛并不会立刻褪掉，而是在新绒毛与皮肤之间形成一个能通风降温的间隙。这让野骆驼可以平稳度过夏季，直到秋季气温降低时，旧毛才会脱落。

第二，它们的眼睫毛、内耳毛很长，再配上可以关闭的鼻孔，让它们在沙尘天气中可以安稳地生活。

第三，超强的耐渴、耐饿本领。野骆驼主要以芦苇、白刺、泡泡刺、沙拐枣、骆驼刺及多汁木本盐柴类植物为食物。可是沙漠中的食物数量有限，野骆驼有可能几天都找不到一点吃的，这时，它们那储存脂肪的双峰就发挥作用了。这些脂肪可以在关键时刻转化为野骆驼生活所需的能量。此外，它们还是唯一一种可以饮用高矿化度咸水的哺乳动物，这让它们可以在一次饮水后一周内不必再饮水。

第四，特化的脚掌。野骆驼的第三、第四趾特别发达，趾端有蹄甲，外面有海绵状胼胝垫，这可以增加其与地面的接触面积，防止它们在行走的时候陷入流沙，或者被夏季炽热、冬季冰冷的地面伤害。

野骆驼 / 摄影 齐险峰

野骆驼 / 摄影 齐险峰

━ 愤怒的"老实人"

提到骆驼，我们对它们的描述大多是朴实、勤劳这样的"老实人专用词"，但其实它们也有暴躁的一面。

每年的 1 ~ 3 月是野骆驼的发情期，这时的它们一改温柔本性，变得极其狂躁。野骆驼是一雄多雌制的家庭模式。如果两个驼群相遇，两头雄性野骆驼定是要打个"你死我活"。

在打斗时，野骆驼会先把头伸到对方两腿之间，试图将对方绊倒掀翻，然后用嘴撕咬对方，并向对方喷射唾液和胃里的物质。如此争斗不止，直至一方失败逃离，胜利方则获得了两群雌性。

雌性野骆驼每 2 年繁殖一次，孕期长达 12 ~ 14 个月，至来年三四月生产，每胎一崽。小骆驼出生 2 小时后就能行走，但它们要在妈妈的保护下生活 1 年。但假如雌性或驼群受到惊吓，野骆驼便会急速奔去，而小骆驼往往会因为奔跑能力不强被落下，进而殒命于天敌之手或残酷的自然环境中。

生存与
保护❶

驶向未来的沙漠之舟

野骆驼自诞生以来曾生活在欧亚大陆很多地方，但因环境变化，它们的种群数量在近年来急剧缩小。百年之前，人们甚至都以为它们早已灭绝。直至19世纪50—60年代，科学家们才终于在新疆罗布泊重新发现了它们的踪迹。

目前，野骆驼仅生活在我国和蒙古国，是世界上仅存的骆驼属野生种，它们也因此被IUCN列为极危级（CR）物种。

作为家养骆驼的亲戚，野骆驼与家养骆驼的关系可谓纠缠不清。一方面，家养骆驼不断侵占着野骆驼的生存环境，与野骆驼的杂交也污染着野骆驼的基因库，对野骆驼的繁育十分不利。另一方面，家养骆驼也时不时充当着小野骆驼的"保育员"，对家养骆驼的研究也为研究野骆驼提供了大量宝贵的经验，促进着野骆驼的繁育。

（文：单少杰）

家骆驼 / 摄影 魏骏

Aix galericulata

鸳 鸯

—— 彩虹羽衣波光靓，出尘脱俗无人敌。

鸳鸯（*Aix galericulata*）在鸟类系统分类中属于雁形目－鸭科－鸳鸯属。

鸳鸯在国内大多分布于东北、华东地区，在国外分布于日本和韩国。在我国，鸳鸯主要在东北地区繁殖，冬天则迁徙至南方越冬。鸳鸯喜欢停留在山涧、溪流等有树木和水域的天然生境中。

鸳鸯 / 摄影 谢建国

鸳鸯 / 摄影 谢建国

▬ 最美鸭子，当之无愧！

仅用"美丽"二字来形容鸳鸯，未免有些言辞匮乏了，说它们"惊为天人"也不为过。

雄鸳鸯在繁殖羽期间身着五彩斑斓的羽衣，一头酷炫的"莫西干发型"从前额和头顶中间由绿色渐变到紫色，而后延伸到枕部再变为棕红色。

鲜艳的"大背头"下面是宽大的白色眉纹，搭配头顶的造型，使雄鸳鸯看上去格外"拉风"，而红色小嘴尖端的一点白，更凸显了鸳鸯的俏皮与可爱。橙红色的颈部饰羽与背部橘红色的帆状饰羽一前一后相映成趣。帆状饰羽是雄鸳鸯独特的特点，在鸭科鸟类中除了鸳鸯以外绝无仅有。鸳鸯因为颜值实在太高，曾一度被社会各界评为"最美鸭子"。

一 巾帼不让须眉

雄鸳鸯拥有明艳动人的外表，但清新脱俗的雌鸳鸯也不能被忽略。比起雄鸳鸯，雌鸳鸯彩虹般的繁殖羽虽然黯淡了许多，但也能在鸭科鸟类的一众雌鸟中脱颖而出。雌鸳鸯通体呈现高级的岩碳灰色，局部略带浅色斑点，眼周独特的白眼圈和蜿蜒向眼后的贯眼纹是雌鸟的点睛之笔，这双明眸使雌鸳鸯看上去就像是一位画了白色眼线的"清秀少女"。

一 为母则刚责任大，树洞筑巢避锋芒

雌鸳鸯不仅温婉可人，还内心坚强。和"只羡鸳鸯不羡仙"的描述大相径庭，鸳鸯并非古人描述的那般忠贞不渝。事实上，它们只在同一个繁殖季里出双入对，等到了下一个繁殖季，雄鸳鸯则会另寻新的伴侣。

在繁殖季节到来时，或许是因为雄鸳鸯色彩靓丽太过招摇，又或许是其"海王"属性，雌鸳鸯往往要变成"单亲妈妈"，克服重重阻碍独自带娃。雌鸳鸯会独自到溪边大树的树洞里筑巢。为了降低鸳鸯宝宝在陆地上遇到危险的几率，等到雏鸟破壳后，鸳鸯妈妈便独自带领雏鸟从高高的树洞中一跃而下，到水里学习游泳。

鸳鸯 / 摄影 谢建国

一 北京欢迎你

在野外，能够满足鸳鸯筑巢的天然树洞并不多，更何况在城市里。2019 年，北京市首次市区鸳鸯分布调查结果显示：北京动物园里的野生鸳鸯数量较多，达到了上百只，占全市总数量的近 30%。为此，北京动物园近几年陆续搭建了一些人工的鸳鸯巢箱，以解决野生鸳鸯的"住房"困难。

鸳鸯 / 摄影 谢建国

鸳鸯 / 摄影 谢建国

━ "女子本弱，为母则刚"

鸳鸯宝宝属于早成雏，刚出生没多久就可以自由活动，随着鸳鸯妈妈下到水里练习游泳，但是在鸳鸯宝宝开始跟着妈妈努力学习生存技能的时候，早已不见鸳鸯爸爸的身影。

这时的鸳鸯雄鸟一改当初排除万难追求雌鸳鸯的态度，曾经的争强好胜早已不复存在，转而抓紧时间在大好的繁殖季节剩余的时间里向别的雌鸟示好。

不过雌鸳鸯并不在意雄鸳鸯是否能一起"带娃"，因为"女子本弱，为母则刚"，雌鸳鸯自己完全能应对，它们总是能给予孩子足够的爱与守护。

在教育方面，鸳鸯妈妈会认真地带着鸳鸯宝宝下水练习游泳。鸳鸯宝宝累了时不时还会赖在妈妈背上，每当鸳鸯宝宝累了、倦了，鸳鸯妈妈坚实有力的臂膀永远向孩子们敞开。

在鸳鸯妈妈的细心呵护下，鸳鸯宝宝们羽翼逐渐丰满，张开翅膀不停地拍打，好似迫切地想要闯入未知的新天地里去。

通过对周围环境的好奇与探索，鸳鸯宝宝终于跨出勇敢的第一步。长大后的它们终有一天会脱离鸳鸯妈妈的保护，那时还将会有更多的挑战等待着它们。

鸳鸯 / 摄影 谢建国

鸳鸯 / 摄影 谢建国

鸳鸯 / 摄影 谢建国

生存与保护❗

让美丽的传说继续

由于人为捕猎和森林砍伐,野生鸳鸯能够选择筑巢的天然树洞越来越少。毫无疑问,它们的栖息范围正在逐步缩减。目前,鸳鸯已被列为国家二级保护野生动物,这警醒人们要加强对本土特色物种的保护与重视。我国本土物种能否健康繁衍生息,也是衡量生态环境是否健康的关键指标。

(文:孙路阳)

Pantholops hodgsoni

藏 羚

——绒中王者藏羚命悬一线，雪域天路故友和谐共生。

　　有种服装材料织成的披肩轻软细腻，可以穿过一枚戒指，但保暖性丝毫不减，它就是藏羚的绒毛。由它织就的披肩被欧洲贵族称为"shahtoosh"（沙图什），意为"羊绒之王"。

　　藏羚（*Pantholops hodgsonii*）属于鲸偶蹄目 – 牛科 – 藏羚属，是我国青藏高原的特有物种，主要分布在海拔 4000 ～ 5300 米的西藏羌塘、新疆阿尔金山，以及青海三江源和可可西里国家级自然保护区的高寒草原、草甸草原一带。它们身材矫健、四肢修长，肩高 80 厘米、体长 140 厘米左右，体型看上去有点像梅花鹿。

藏羚 / 摄影　宋林继

一 荒原上的独角兽

藏羚只有雄性有角，它们的角又长又直，角尖向内微微弯曲。

这对角可以用于抵抗天敌或者在求偶斗争中帮助它们赢得雌性的芳心。不过即使其拥有如此锋利的角，它们的胆子也非常小。

当发现天敌或者人类靠近时，它们就会立刻撒开蹄子逃之夭夭，这让人们大部分时间只能在远处观望它们。而当它们在远处侧对观察者时，两个角就可能完美地重叠在一起，远看仿佛只有一个角，如同"独角兽"一般。

藏羚 / 摄影 星智

405

▬ 妈妈们的长征

一提到生命大迁徙，可能大家本能地会想到非洲生物大迁徙——无数角马在狮子、鳄鱼的围追堵截下谱写出壮丽绚烂的生命乐章。在中国，藏羚的迁徙画面不输非洲的角马。不过与角马迁徙不同的是，藏羚迁徙不是为了寻找食物，而是为了繁殖后代。

每年的冬季都是藏羚交配的季节。这时，平时互不干扰的雌群和雄群会走到一起。雄性藏羚在经过多番决斗后将会拥有数名伴侣。雌性的孕期大约 6 个月，在临产前一个月左右，无数怀孕的母亲便会不远万里奔赴太阳湖、卓乃湖周围——她们将在这里集中生产。

藏羚的迁徙路径可达 1600 多千米。在严酷的青藏高原，这不亚于一场生命的长征。目前我们尚不清楚它们为什么要从水草丰美的低海拔地区迁徙到高海拔地区来生产——也许是因为刻在基因里的远古本能，也许是因为这里天敌少，但狼、秃鹫等天敌依旧是藏羚面临的最大威胁。不过好在它们擅长奔跑，哪怕是怀着宝宝的雌羚也能急速狂奔。

在太阳湖、卓乃湖周围，这些妈妈将度过艰难的产崽期。在产后一个月，小宝宝们就将跟妈妈再次踏上征途，返回原来的家园与父亲和哥哥姐姐们团聚——如果雌羚怀孕时还有尚未长大的幼崽，她们便会把幼崽留给父亲们照顾。

藏羚 / 摄影 杨丹

藏羚 / 摄影 宋林继

生存与
保护❶

我们，它们

高原环境恶劣，在漫长的进化过程中，藏羚装配上了多种"神器"来适应这里的生存环境，例如，较高的肺活量和血红蛋白含量，又如，保暖性极佳的皮毛。但就是这些皮毛，为它们引来了杀身之祸。

历史纪录中，藏羚的数量曾达到百万只之多，但因国际市场对藏羚绒沙图什披肩的需求，使得它们在 20 世纪最后 20 年遭遇大量偷猎，数量急剧下降。随后，中国政府加大了对藏羚的保护，严厉打击非法捕杀藏羚犯罪活动，加强法制宣传和执法力度，藏羚野外种群恢复到 30 万只以上。2016 年 9 月 4 日，IUCN 宣布，将藏羚的受威胁程度由濒危级（EN）降为近危级（NT）。

藏羚／摄影 宋林继

　　在青藏铁路设计时，为了不影响野生动物的生活和迁徙，对于穿越可可西里、羌塘等自然保护区的铁路线，尽可能采取了绕避的方案。同时，根据沿线野生动物的生活习性、迁徙规律等，在相应的地段设置了野生动物通道，以保障野生动物的正常生活、迁徙和繁衍。

　　一开始，面对呼啸而过的火车、汽车，藏羚们确实表现出了焦躁、不安。但很快人们就欣喜地观察到，它们开始适应这种变化，并学习如何通行、穿越铁轨、公路。在藏区，人与藏羚相遇但互不打扰的画面不再罕见，我们与它们在某种程度上实现了共存。

　　对藏羚的保护让我们在人与自然和谐共存的道路上多了一些研究经验，这些经验除了让我们能更好地保护这些珍贵的动物外，也为其他动物的保护奠定了基础。

（文：**单少杰**）

411

Equus kiang

藏野驴

——机警善跑野驴驰骋荒原，
刨土觅水驴井庇护百兽。

　　提到驴，我们对它们的印象似乎非常淡。在典籍故事里，驴的形象往往也不是很正面，如黔驴技穷。其实大多数人不知道的是，在自然界，野驴可是生存的王者。

　　野驴，在分类学上属于奇蹄目－马科－马属，按照其生存环境、体态形貌的不同，野驴又有非洲野驴（*Equus africanus*）、蒙古野驴（*Eguus hemionus*）、藏野驴（*Equus kiang*）之分。在中国生活着藏野驴和蒙古野驴。

藏野驴 / 摄影 谢建国

■ 古老的野跑家族

　　马跟驴，看似一个英俊洒脱，一个憨厚笨拙，但其实它们是一家人。现在马科－马属的家族里共有 7 位成员，分别是普氏野马、山斑马（*Equus zebra*）、细纹斑马（*Equus grevyi*）、平原斑马（*Equus quagga*）、非洲野驴（*Equus africanus*）、蒙古野驴和藏野驴。现存的马科动物都是起源于 4500 万年 ~ 300 万年前的马属动物。在那个时期，这些长着修

长四肢的动物肆意奔跑在地球的陆地上。它们虽然没有尖牙利爪、没有硬鳞厚盾，但它们凭借着机敏的反应，超强的耐力还是在众多猎手的觊觎下繁荣兴盛起来。

后来，随着气候变化、地形变迁，不同的马属成员在不同的地区安家落户。其中，就有一些选择留在中华大地的西北部地区和青藏高原上。这些地方在人类看来是无比荒凉、凄寂的，但对于食草动物而言，这里的天敌数量少，反倒是一方乐土。

那么，它们又是凭借着怎样的本领在这里生存的呢？

藏野驴 / 摄影 雷洪

藏野驴 / 摄影 李维东

▬ 站着睡觉的一家人

如同大部分食草动物一样，野驴在野外也是过着群居生活。一个野驴群少则十几只，多则近百只。在一个野驴群中一般只有一头雄性成年野驴，其余的是它的家室和后代。

当它们在休息的时候，并不是所有的野驴都可以尽情地享受美好时光，而是会有几只身强力壮的野驴充当"哨兵"。一旦发现天敌靠近，"哨兵"就会迅速作出反应。一方面，它们可以吸引天敌的注意力，另一方面，也可以为大家族的转移争取时间。

不仅是白天，夜里它们也是保持着同样的警惕性。驴和马一样，都是可以站着睡觉的动物，这是因为它们的天敌在夜晚也依旧对它们垂涎三尺、虎视眈眈。站着睡觉便可以让它们以最快的速度逃跑。

藏野驴 / 摄影 谢建国

━ 荒漠里的生命之井

　　荒漠环境恶劣，除了食物不足，水资源的稀缺更是制约着很多动物的生存。千百万年的进化让野驴具有了寻找水源的本领。它们可以在河道里找到水位较高的地下水，然后用蹄子刨出一个深达半米的水井——当地人亲切地称其为"驴井"。驴井除了野驴自用，还可以提供给很多其他动物，甚至是供人类使用。可以说它们就是荒漠深处可贵的"挖井人"。但是，这些"挖井人"的生存境况却不容乐观。

藏野驴／摄影 杰德·威恩嘉顿

生存与
保护❤

吃水更护"挖井人"

目前，蒙古野驴和藏野驴都属于国家一级保护野生动物。在中国，蒙古野驴主要分布在内蒙古中西部地区，其次是新疆北部。藏野驴主要分布在青藏高原。这些地方的生态系统本就极度脆弱，而放牧引起的人畜接触不但威胁到它们的生存，还可能导致疫病传播、基因污染等问题。

为了保护藏野驴、蒙古野驴及其他动物，中国建立了青海可可西里国家级自然保护区、阿尔金山国家级自然保护区、乌拉特梭梭林—蒙古野驴国家级自然保护区等保护区。在保护区工作人员的努力下，近年来它们的数量也得到了可喜的增长，例如，蒙古野驴的数量已经超过了 4000 只，藏野驴的数量更是超过了 50000 只。

吃水不忘"挖井人"，对它们的爱，终将传递给这里的每一个生灵。

（文：**单少杰**）

pentadactyla Manis

中华穿山甲

—— 华夏大地有奇兽，深居简出食白蚁。鳞片随身不畏虎，御敌防护有奇招。纵使铠甲金不换，濒临灭绝难再寻。

穿山甲是哺乳纲－鳞甲目－穿山甲科的物种，在世界范围内主要分布于南非与东洋界。它们在地球上有 8000 万年之久的进化史，是地球上古老而奇特的存在，同时也是人类已知的唯一全身长满鳞片的哺乳动物，正因这身与众不同的铠甲鳞片，使穿山甲被迫踏上一条"泥泞坎坷"的生命之路。

中华穿山甲 / 摄影 朱亦凡

中华穿山甲 / 摄影 朱亦凡

▬ 穿山甲家族

全世界有 8 种穿山甲，亚洲和非洲各 4 种，其中，中国有分布的穿山甲有 3 种，即中华穿山甲、印度穿山甲、马来穿山甲。

亚洲分布的穿山甲有中华穿山甲（*Manis pentadactyla*）（CR，极危）、印度穿山甲（*Manis crassicaudata*）（EN，濒危）、马来穿山甲（*Manis javanica*）（CR，极危）、菲律宾穿山甲（*Manis culionensis*）（CR，极危）。

非洲分布的穿山甲有大穿山甲（*Smutsia gigantea*）（EN，濒危）、南非穿山甲（*Smutsia temminckii*）（VU，易危）、树穿山甲（*Phataginus tricuspis*）（EN，濒危）、长尾穿山甲（*Phataginus tetradactyla*）（VU，易危）。

深入了解中国的 3 种穿山甲

在中国最著名、分布最广泛的穿山甲就是中华穿山甲，它们生活在中国南方土层深厚的低地丘陵，以长江为北限，广泛见于中亚热带区域，包括喜马拉雅山南麓，台湾地区及海南地区。第二种是印度穿山甲，该种穿山甲只见于云南西南部地区（横断山最西南部）。第三种是马来穿山甲，该种穿山甲主要分布于东南亚地区。

2021 年 10 月，中国首次在野外拍到马来穿山甲的活动影像，经此证实了马来穿山甲在中国云南盈江地区确有分布。以上 3 种穿山甲均属国家一级保护野生动物，十分珍稀、濒危，在野外罕见之至。

疑是《山海经》中的上古神兽

《山海经·南山经》中记录一种生活于柢山中的怪物，原文："有鱼焉，其状如牛，陵居，蛇尾有翼，其羽在鮨下，其音如留牛，其名曰鯥，冬死而夏生。食之无肿疾。"在李时珍的《本草纲目》中则有"其形肖鲤，穴陵而居，故曰鲮鲤，而俗称为穿山甲"。

通过古籍中古人对穿山甲的描述可见先人们曾把这一物种形容成了一类像鱼又在陆地上穴居的动物，而现实生活中的穿山甲和在水中身披鱼鳞的鱼类的确有相像之处，其"鲮鲤"的古称或许就是源自于此。现在，人们无从考究古人对穿山甲的具体描述，但是这一独特演化的物种在《山海经》中拥有一席之地。

中华穿山甲 / 摄影 周佳俊

原来你是这样的中华穿山甲！

　　中华穿山甲属于极度珍稀濒危的物种。在我国，台北动物园是唯一人工繁育穿山甲成功的动物园，而其他动物园暂无这一物种展出。因此人们能亲眼见到中华穿山甲的机会非常少，对于穿山甲的认知大多通过图片或纪录片。穿山甲身披鳞甲，遇到危险会停在原地缩成一团，仅利用"铠甲外衣"抵挡凶猛的飞禽走兽。

中华穿山甲 / 摄影 朱亦凡

很多人以为中华穿山甲行动缓慢，但从科研人员在野外放置的红外相机中看到的中华穿山甲却拥有着灵活敏捷的动作，它们在快速步行前进的过程中并非四足着地，而是前足抱起小拳拳放在胸前，上身前倾靠后足前进，乍一看有点像"短爪小恐龙"的姿态。近年来，随着人们对中华穿山甲保护意识的提高，公众对于这一物种的认识也逐渐增多，进一步激发了人们对这一物种的好奇，与此同时，也引发了社会层面对中华穿山甲现存境况的担忧与思考。

一 钻山是假，打洞是真

大家是否还记得 20 世纪 80 年代的国产动画片《葫芦兄弟》中忠义善良的穿山甲，然而现实生活中的穿山甲并没有钻山的本领，但的确非常善于挖土洞。在野外的科研人员很多时候会通过穿山甲的洞穴来追踪野生穿山甲的行为痕迹，但洞口的数量并不能反映穿山甲的真实个体数量，很有可能几十个洞穴都出自同一只穿山甲的杰作。要知道一只穿山甲一年可以挖上百个洞穴，它们善于挖洞除了洞穴是安全隐蔽的巢穴，还和觅食有很大关系。穿山甲极其挑食，喜食白蚁，而华南地区分布的白蚁主要在地下 1 ~ 2 米的土层深处，这里的白蚁巢穴完全不同于中国云南边境、印度乃至非洲大陆等热带地区的白蚁。中国华南地区的温度比热带地区偏低一些，因而白蚁不会在地面上形成高高的蚁丘，而是转向地下温暖的土壤，中华穿山甲为了适应这样的生态环境，在漫长的演化中靠挖掘地下的蚁巢来果腹。

生存与保护 ❶

从惊涛骇浪，到雨过天晴

中华穿山甲的存在有利于控制森林生态系统的平衡，它能有效抑制森林中白蚁的种群数量，从而避免森林树木遭受白蚁的啃食，因此穿山甲被冠以"森林卫士"的称呼。然而受到人为活动的影响，中华穿山甲的栖息地遭到了大面积的破坏，工业化进程的发展使得它们的栖息地被切割得七零八碎，不连贯的栖息地也分割了各个种群之间的基因交流。不合理的用药需求也使它们的生存难上加难。为保护穿山甲，2020 年中国将穿山甲所有种提升为国家一级保护野生动物，同年《中华人民共和国药典（2020 年版）》中穿山甲未被继续收载。至此，中华穿山甲终于迎来风雨飘摇后的安稳，我们希望这份得来不易的喘息不是暴风雨来临前的宁静，而是最终的雨过天晴。

（文：**孙路阳**）

中华穿山甲 / 摄影 朱亦凡

Mergus squamatus

中华秋沙鸭

　　它是第三纪冰川子遗物种，在地球上已经繁衍了 1000 多万年，更是全球现存野鸭中最古老的一种。它因在地球极端气候考验下存活至今被誉为"水中活化石"，它就是有"鸟中大熊猫"之称的中华秋沙鸭（*Mergus squamatus*）。

　　中华秋沙鸭是雁形目－鸭科－秋沙鸭属的珍稀鸟类，全球种群数量不足 5000 只，其繁殖区域主要在中国东北地区的长白山和小兴安岭一带，国外繁殖地在俄罗斯沿海、朝鲜等地区，该物种一直是国家一级保护野生动物。

中华秋沙鸭 / 摄影　杨晓涛

━ 1864 年，英国鸟类学家约翰·古尔德命名中华秋沙鸭
1866 年，西方世界发现并命名麋鹿
......

　　19 世纪 60 年代，很多西方生物学家和博物学家不远万里来到中国，在此期间发现并命名了很多中国珍稀特有的野生动植物。自此中国得天独厚的生物多样性资源开始在全世界受到瞩目，当时的中国正处于清朝末期，受鸦片战争的影响，清政府被迫结束了长期以来闭关锁国的政策，对外打开国门。当时的西方世界由于受到地理大发现的影响以及《马可·波罗

游记》的广为流传，很多西方人开始对中国充满了无限的向往，也就是在这一时期，外国人来华的数量不断增多。而中华秋沙鸭的发现及命名就是在这一大背景下发生的。

1864 年，英国著名鸟类学家约翰·古尔德（John Gould）在中国东北地区获得一件从未见过的秋沙鸭鸟类标本。由于该标本身体腹部两胁有鱼鳞状的斑纹，因此约翰·古尔德原本将其命名为"鳞胁秋沙鸭"，但这个名字非常拗口难记，这时约翰·古尔德注意到了该鸟类头顶后脑勺有着像清朝官员顶戴花翎般的狭长冠羽，因此便将其命名为"中华秋沙鸭"。

中华秋沙鸭／摄影 冯江

一 潜水觅食本领强

　　野鸭大致可以分为两大类，一类是浮水鸭，另一类是潜水鸭。这样的划分依据来自野鸭们的觅食姿态与方式。中华秋沙鸭属于潜水鸭，它们会将全部身体潜入水中觅食，从湖面上看就是潜进水面下隐匿了踪影，隔了一会儿再从水面出水芙蓉般地现身。浮水鸭的觅食方式我们一定也不陌生，以花脸鸭为例，它们觅食时将整个身躯头部向下垂直扎入水中，此时它们以上半身在水下，下半身从腹部到屁股露在水面上的方式觅食。然而这样的划分方式也并非绝对，因为浮水鸭偶尔也会潜水觅食，潜水鸭有时也会在水面觅食。

▬ 鸭子吃水草，不吃鱼！但秋沙鸭是个例外……

或因中华秋沙鸭是较为原始古老的野鸭种类，它们同大部分野鸭在身体结构上不大相同。大多数鸭科鸟类的喙是扁平的，适应于进食水草等水生植物，但秋沙鸭属的鸟类是个例外。它们的嘴型倾向侧扁，其喙的前端尖硬，上喙尖端处带着向下弯的小钩，搭配锋利的齿状喙，足以让任何落入口中的猎物难以逃脱。中华秋沙鸭的猎物大多为水生鱼类和地栖动物，由此看来，中华秋沙鸭可不是吃素的，其水下捕猎技能在一般的野鸭中并不多见。

中华秋沙鸭 / 摄影 刘庆顺

437

一 飞跃而下的新生仪式

一般野鸭大多选择在地面或岸边筑巢，而中华秋沙鸭选择的筑巢策略是"居高临下"，它们会选在靠近水源附近 10 米高的树洞中繁育后代，这样可以避免受到天敌和猎食者的袭击。每年 3 月，中华秋沙鸭从越冬地不远万里迁徙回繁殖地后，便会开始忙碌的繁育工作。经过约 30 天的孵化，小家伙们破壳而出在母亲的温暖呵护下变得毛毛茸茸的，很可爱。这时就要迎来它们的第一个挑战，就是从高高的树洞巢中飞跃而下随着母亲探索新的世界。当然了，不要为它们担心，地面上腐殖质的土壤是小家伙们天然的"保护垫"，虽然 10 米左右的高度换谁都需要足够的勇气，但想要在这个纷繁复杂的大自然里成长，这是必须经历的"新生考验"。

中华秋沙鸭 / 摄影 王莅翔

一 迅速成长，透露生存智慧

中华秋沙鸭的幼鸟成长速度非常快，两个月左右就能长到和成体差不多的大小。幼鸟自出生到第一次迁徙过冬之前要尽可能地学会生存必备的所有技能，这也是中华秋沙鸭选择在中国东北地区的长白山作为主要繁殖地之一的原因。长白山一带人迹罕至，这里保存着相对完好的自然生态环境，清澈无污染的水源里富含种类丰富的食物资源，如七鳃鳗、水生昆虫等各种"优质美食"。与此同时，这里也潜伏着中华秋沙鸭的天敌，如黄喉貂、豹猫、黄鼬和蛇等。因此，生活在这里的中华秋沙鸭幼鸟要在危机四伏的环境中迅速成长起来，以应对突如其来的逃生挑战。

中华秋沙鸭 / 摄影 冯江

中华秋沙鸭 / 摄影 冯江

442

生存与保护❶

让"水中活化石"续写传奇故事

作为环境的指标动物，中华秋沙鸭对环境的要求可以用苛刻来形容，只有优质无污染、食物丰富、人迹罕至的水源地才会被它们选为栖息地。这是因为中华秋沙鸭不同于其他素食性野鸭，它们以水生鱼类和各种地栖动物为食，一旦水域环境受到污染和破坏，中华秋沙鸭的食物链就会被阻断，很快，它们便会转而寻找新的栖息地落脚。如今能够满足它们的自然生态环境越来越少了，只有人为干扰较少、工业化进程不发达的生态环境才有中华秋沙鸭的一席之地，随着"绿水青山就是金山银山"理念的提出，国家积极推进环境保护，也加强推广生态文明建设，希望未来中华秋沙鸭在中国能有更多的栖息地选择，让"水中活化石"继续在华夏大地续写新的传奇故事。

（文：孙路阳）

Nipponia nippon

朱鹮

——独一无二的东方宝石。

朱鹮（*Nipponia nippon*）在鸟类系统分类中属于鹳形目 - 鹮科 - 朱鹮属，它在历史上曾经广泛分布于东半球的中国、日本、朝鲜半岛、俄罗斯东部。

它们生活在温带山地森林和丘陵地带，多在水稻田、河滩和池塘里栖息。到了20世纪50年代，由于环境污染、人为捕猎、开垦围垦农田和砍伐林木，这些人为活动无一不大大缩减朱鹮在自然环境中的生存空间。其中，砍伐林木更是直接减少朱鹮繁育后代的场所。随之，朱鹮在这些历史分布地上逐渐消失踪影。

1963 年，俄罗斯境内朱鹮灭绝；
1964 年，中国境内无人再见到朱鹮；
1977 年，日本仅剩的 8 只朱鹮个体丧失繁殖能力；1979 年，朝鲜境内朱鹮消失……

朱鹮 / 摄影 孙晋强

集众多美名于一身的鸟类

朱鹮深受世人喜爱，还被授予多个美名，如"吉祥鸟""仙女鸟""东方宝石"。对于朱鹮最早的记载出自西汉时期司马迁的《史记》，之后在唐诗中也有对朱鹮的描述。

由此可见，人们对于朱鹮的喜爱是不会随时代浪潮更迭的。朱鹮的确又仙又美，远看一袭"白衣"着身，而最吸引人的地方在于那身白色羽衣竟是白里透粉，可谓满满的"少女心"，再看那纤长下弯的黑色鸟喙，喙尖的一点红与鲜红色的脸蛋和脚交相呼应，想象这般仙气十足的鸟儿在青山绿水间群飞，在小河边弯腰觅食，在青松翠柏上筑巢，在大自然里生生不息……多美好的画面啊！

国宝的食物是纯天然无添加的"绿色食品"

朱鹮的食谱非常丰富，在自然界中它们的选择有很多，例如，蝌蚪、蛙、泥鳅、鲫鱼、虾、河蟹、黄鳝、蛇和水生昆虫等，这些"野味"都能在朱鹮常去觅食的水田间找到。自从人类开始使用农药后，不仅朱鹮的食物减少了，甚至还出现了朱鹮误食有毒的食物间接中毒致死的情况。

朱鹮 / 摄影 孙晋强

— 繁殖期间的换装秀

等到繁殖季节的到来，朱鹮一身白里透粉的羽衣将换成一身暗灰色，这其实是朱鹮脖颈部分泌的一种黑色物质。通过在水塘边觅食和洗浴等活动，脖颈被浸湿，黑色也在上半身晕染开来，有的甚至会延伸至全身。灰色的羽毛有利于它们在繁殖期间更好地隐藏自己。

朱鹮／摄影 孙晋强

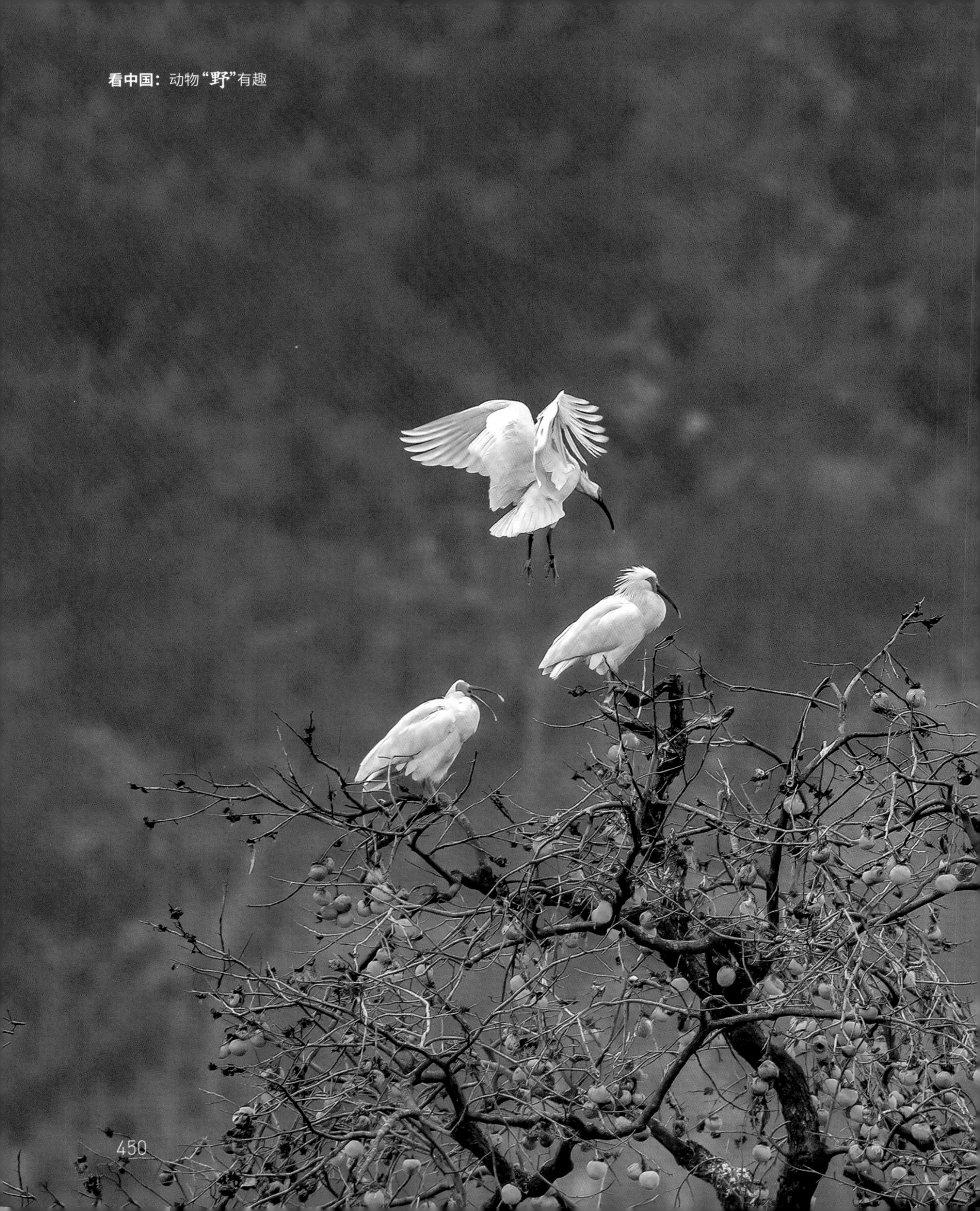

朱鹮 / 摄影 胡琳

一 中国再发现朱鹮的过程

国际鸟类学界将寻找朱鹮最后的希望目光投向了中国。从 1978 年起，中国科学院动物研究所刘荫增带领相关科研人员进行野外朱鹮搜索工作，他们先后调查了东北、华北和西北三大地区，跨越九个省。每到一处，搜索小组成员会给当地老百姓用放电影的方式来科普朱鹮的知识，希望通过这种方式呼吁群众一起寻找和保护朱鹮。

秦岭一号朱鹮群体临时保护站
供图 / 陕西汉中朱鹮国家级
自然保护区管理局

皇天不负有心人。历时 3 年，搜索小组走了 5 万多千米之后，1981 年 5 月他们终于在陕西省洋县八里关镇姚家沟这个僻静悠远的秦岭深处发现了全世界最后 7 只野生朱鹮。这当中有一对（2 只）是具有繁殖能力的朱鹮亲鸟，巢中还有 3 只嗷嗷待哺的雏鸟以及附近的 2 只年长的个体，总共 7 只野生朱鹮。

很难想象，它们是当时全世界最后的 7 只野生朱鹮了……朱鹮的再发现也是一个令全世界都振奋的消息。在此之后的 40 多年里通过当地老百姓的积极配合，加上国家对朱鹮的保护给予了高度的重视，全球朱鹮种群数量已经从 1981 年的 7 只扩展到目前的近万只。朱鹮保护被誉为"世界拯救濒危物种的成功典范"。2003 年，朱鹮被选为陕西省省鸟。

朱鹮 / 摄影　胡琳

生存与保护❶

让"东方宝石"迎着朝阳继续熠熠生辉……

朱鹮在 2021 年《国家重点保护野生动物名录》中延续了以往的国家一级保护野生动物等级，但我们不能用保护等级的高与低来衡量一个物种的珍稀程度。不论数量的多与少，每一种动物都是上天赐予人类的礼物。朱鹮的经历被人们高度关注，继而引发了人们对保护野生动物的重视和深思：只有保护好现有的绿水青山，这片土地上包括朱鹮在内的所有物种才会生生不息，属于它们的传奇故事才能代代相传。

（文：孙路阳）

朱鹮 / 摄影 孙晋强

图书在版编目（CIP）数据

看中国：动物"野"有趣 / 谢建国，张劲硕主编.—北京：中国
海关出版社有限公司，2023.9
ISBN 978-7-5175-0694-2

Ⅰ.①看… Ⅱ.①谢…②张… Ⅲ.①动物—中国—普及读物
Ⅳ.①Q95-49

中国国家版本馆CIP数据核字（2023）第112060号

看中国：动物"野"有趣
KANZHONGGUO DONGWU YE YOUQU

总 策 划：韩 钢
主　　编：谢建国　张劲硕
执行编辑：孙晓敏
责任编辑：夏淑婷　刘　婧
责任印制：张　霓
出版发行：中国海关出版社有限公司
社　　址：北京市朝阳区东四环南路甲 1 号　　　邮　　编：100023
编 辑 部：01065194242-7539（电话）
发 行 部：01065194221/4246/5127/7543（电话）
社办书店：01065195616（电话）
　　　　　https://weidian.com/?userid=319526934（网址）
印　　刷：北京盛通印刷股份有限公司　　　　经　　销：新华书店
开　　本：889mm×1194mm　1/16
印　　张：29.25　　　　　　　　　　　　　字　　数：483 千字
版　　次：2023 年 9 月第 1 版
印　　次：2023 年 9 月第 1 次印刷
书　　号：ISBN 978-7-5175-0694-2
定　　价：168.00 元

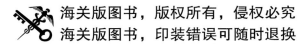
海关版图书，版权所有，侵权必究
海关版图书，印装错误可随时退换